河北省
三维矿山建设案例集

HEBEI SHENG SANWEI KUANGSHAN JIANSHE ANLIJI

赵祎白　常家睿　赵改超　韩腾飞　等编著

中国地质大学出版社
ZHONGGUO DIZHI DAXUE CHUBANSHE

图书在版编目 (CIP) 数据

河北省三维矿山建设案例集 / 赵祎白等编著 . —武汉 : 中国地质大学出版社 , 2023. 10

ISBN 978-7-5625-5646-6

Ⅰ . ①河… Ⅱ . ①赵… Ⅲ . ①三维动画软件 - 应用 - 矿山建设 - 案例 - 汇编 - 河北 Ⅳ . ① TD2-39

中国国家版本馆 CIP 数据核字（2023）第 055466 号

河北省三维矿山建设案例集　　赵祎白　常家睿　赵改超　韩腾飞　等编著

责任编辑：舒立霞　　选题策划：舒立霞　　责任校对：何澍语

出版发行：中国地质大学出版社（武汉市洪山区鲁磨路 388 号）　　邮编：430074

电话：（027）67883511　　传真：（027）67883580　　E-mail:cbb@cug.edu.cn

经销：全国新华书店　　http://cugp.cug.edu.cn

开本：880 毫米 ×1230 毫米　1/16　　字数：213 千字　　印张：6.75

版次：2023 年 10 月第 1 版　　印次：2023 年月 10 第 1 次印刷

印刷：湖北睿智印务有限公司

ISBN 978-7-5625-5646-6　　定价：98.00 元

前言

PREFACE

在本书中，笔者选取了河北省建设较为完整、应用效果较好的三维矿山，通过对各个矿山的模型资料进行汇总整理，以文字配图、扫码放映等方式，从多个视角对矿山空间分布、矿体形态等情况进行了展示。

本书以科普宣传为核心目的，旨在丰富大众对三维矿产模型的认识。我们精心挑选的矿山模型主要以大中型规模国有矿山为主，涉及铁矿、金矿、煤矿、水泥灰岩矿、石灰石矿等。这些三维矿山模型不仅在帮助矿山企业完成矿山开采设计、矿山资源管理方面发挥了重要作用，还能够协助矿政管理部门进行矿业权属管理、矿山执法监管、资源储量统计等工作，有效提高了矿山智能化水平和矿政管理效能。

三维矿山是一种新型的数字化矿业技术，它通过将传感器数据、地质勘探数据、工程设计数据等集成到一个三维模型中的方式，实现了更加系统和科学的矿山规划、管理与运营。通过三维矿山的应用，矿山企业能够进行更加精准的资源评估和矿床开采计划制订，从而有效降低矿山开采的成本和风险，并提高矿产资源的利用率。

相比传统的矿山规划方法，三维矿山具有明显的优势。传统方法常常需要依赖人工测量、复杂的地质探测和大量的试验来确定矿床的位置、形状和性质。这些方法耗时费力，而且存在诸多不确定性和误差，导致矿山在规划和管理过程中出现各种问题。而三维矿山则通过数字化技术将这些数据整合到一个三维模型中，实现对矿山的精确建模和管理，大大提高了规划和管理的准确性和效率。

笔者深入研究了河北省的三维矿山建设情况，并对这些案例进行了精心挑选和整理。笔者希望通过这本书，能够向广大读者展示三维矿山在矿业领域的广泛应用和巨大潜力，使读者为相关领域的发展和应用提供新的思路与动力。值得一提的是，三维矿山的应用不仅仅局限于河北省，它已经在全国范围内得到了广泛的应用。通过不断的发展和创新，我们相信三维矿山将会在未来的矿业领域发挥更大的作用，为矿山规划和管理提供更多精确与高效的解决方案。

在未来的发展中，笔者将继续致力于推动三维矿山技术的发展和应用，为矿山行业的智能化转型和可持续发展作出更大的贡献。让我们一起来探索《河北省三维矿山建设案例集》吧！相信本书的出版，在矿业领域中有巨大的价值和应用前景。

编著者

2023年10月

目录

CONTENTS

铁矿

金矿

煤矿

铁矿

河北省三维矿山建设案例集

1 河北省唐山市滦州市沉积变质型铁矿

该矿山大面积被第四系覆盖，基岩出露较少。区内地层以太古宇单塔子岩群黑云变粒岩和中元古界长城系大红峪组石英砂岩为主，除少量脉岩外，未发现大规模的侵入岩体。矿床产于太古宇单塔子岩群白庙子组中，矿石岩性为磁铁石英岩，属鞍山式沉积变质铁矿。

该矿山建设的三维地质模型包括地表模型、矿体模型、巷道模型和资源储量模型。通过这些模型，能够展示出矿界范围，呈现巷道走向、地表现状与赋存矿体实体的空间关系，显示地表附近矿体的品位分布，可以实现利用块体模型统计矿体储量，有利于制订月度采剥计划，达到精细化配矿，指导供配矿生产。这些模型还具有优化采场道路、节省运距、测算贫化率、实现精准爆破等生产管理的作用。

1 矿山三维模型

矿山全貌

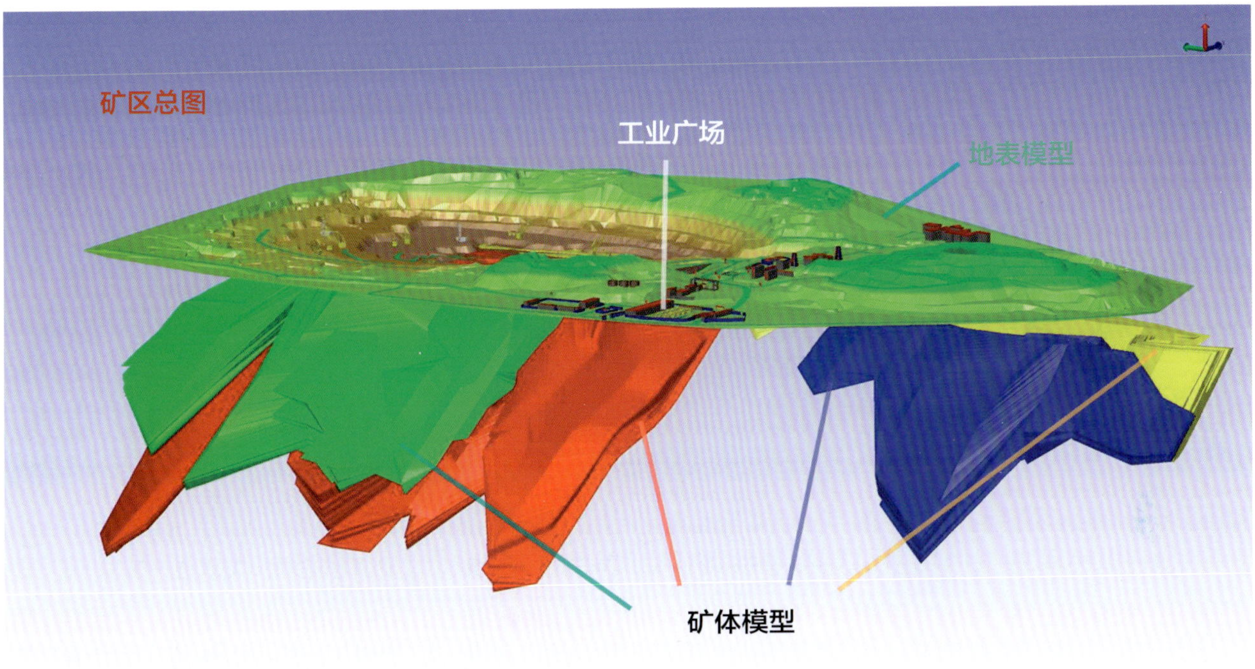
矿区总图
工业广场
地表模型
矿体模型

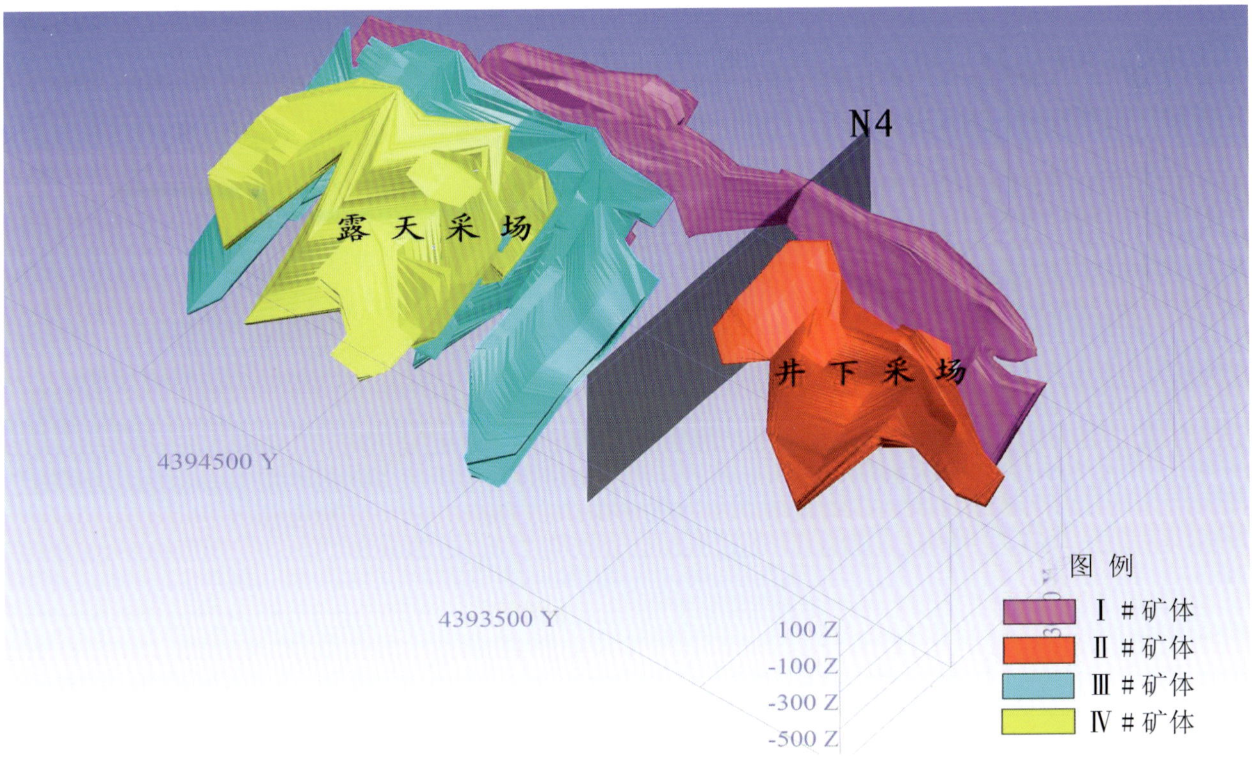
N4
露天采场
井下采场
4394500 Y
4393500 Y
100 Z
-100 Z
-300 Z
-500 Z
图例
Ⅰ#矿体
Ⅱ#矿体
Ⅲ#矿体
Ⅳ#矿体

● 矿区综合模型

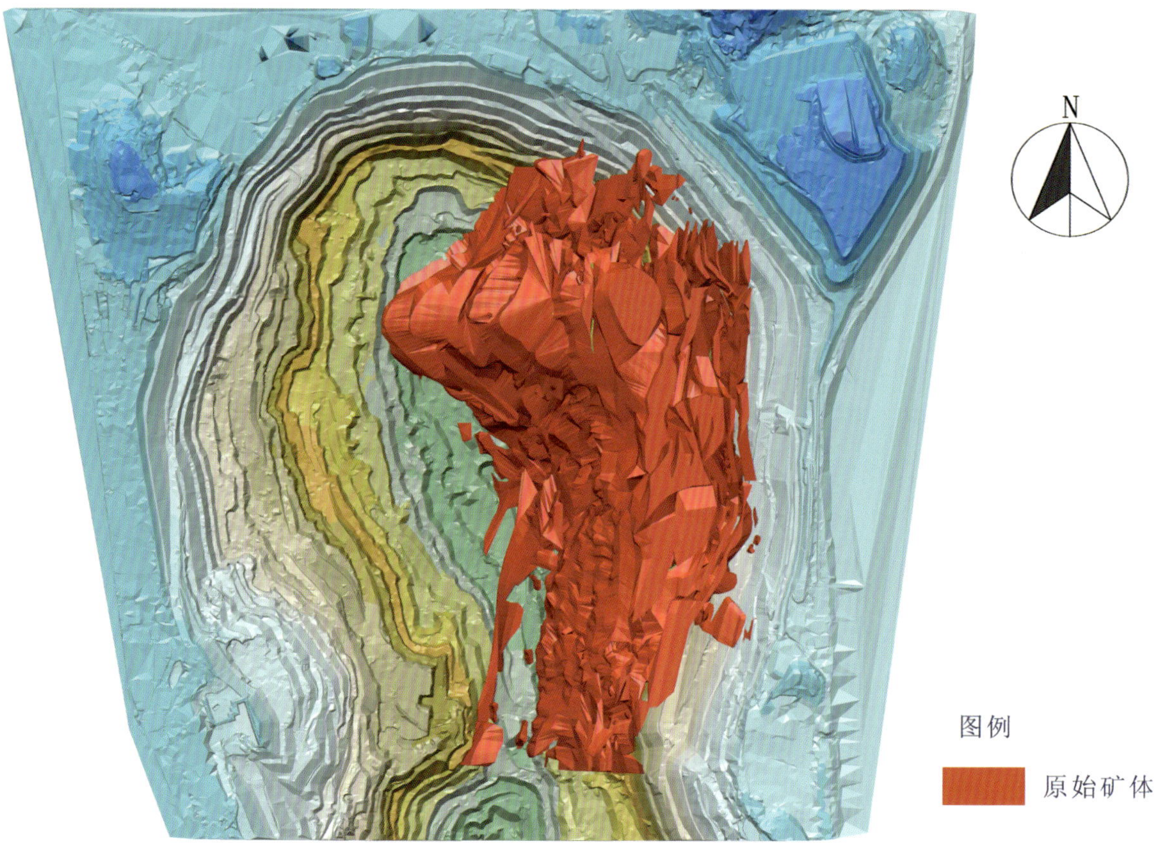

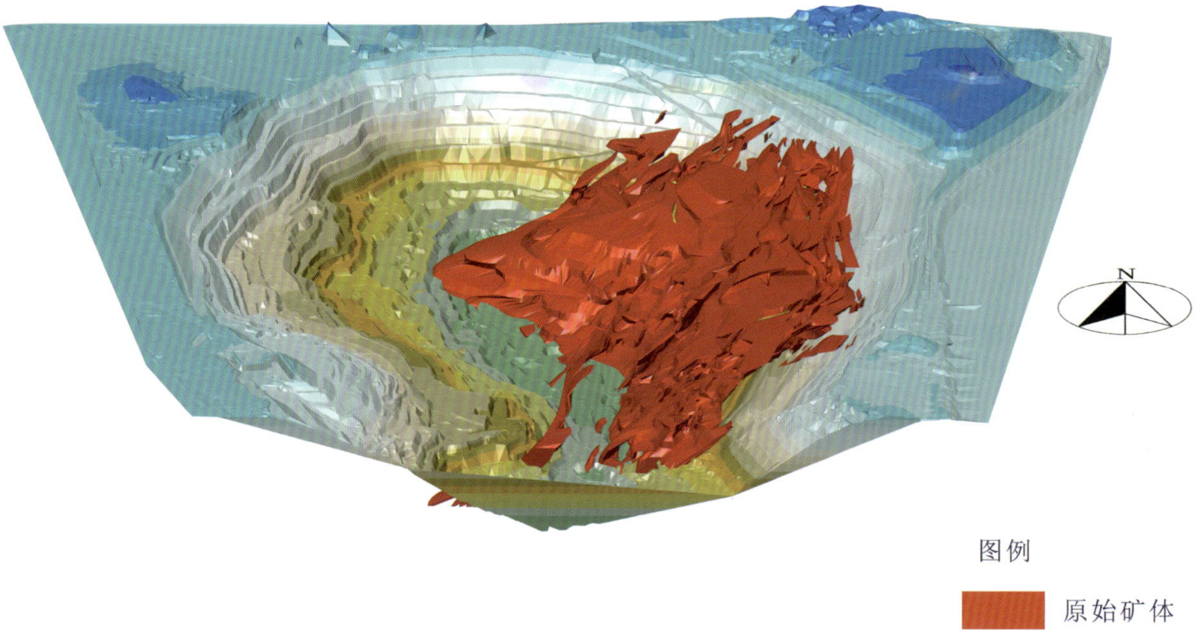

● 矿区综合模型

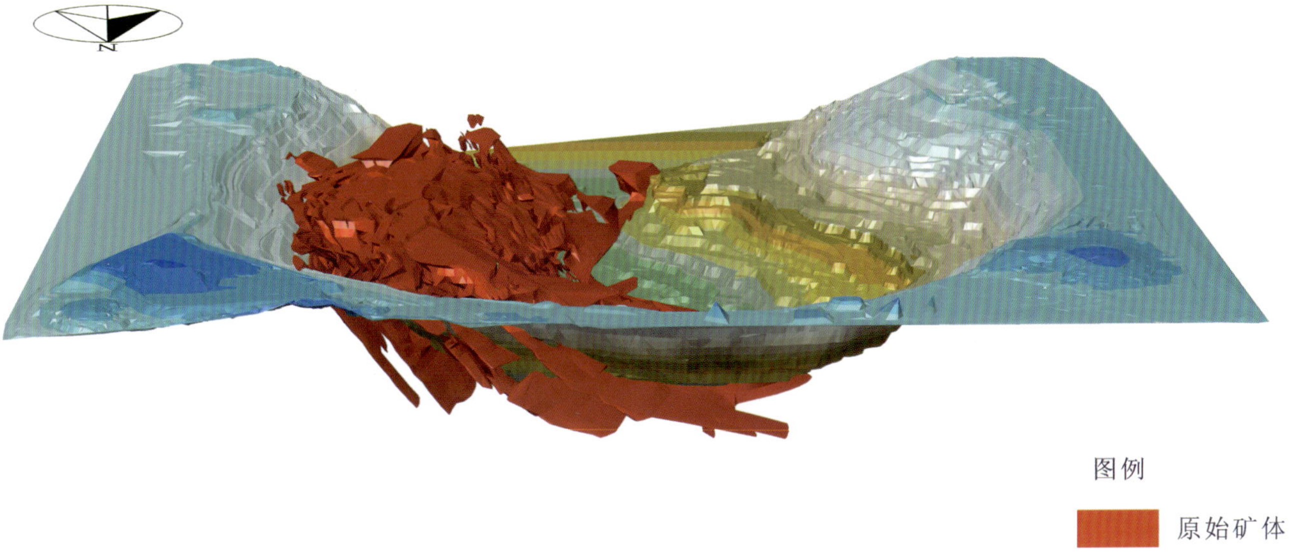

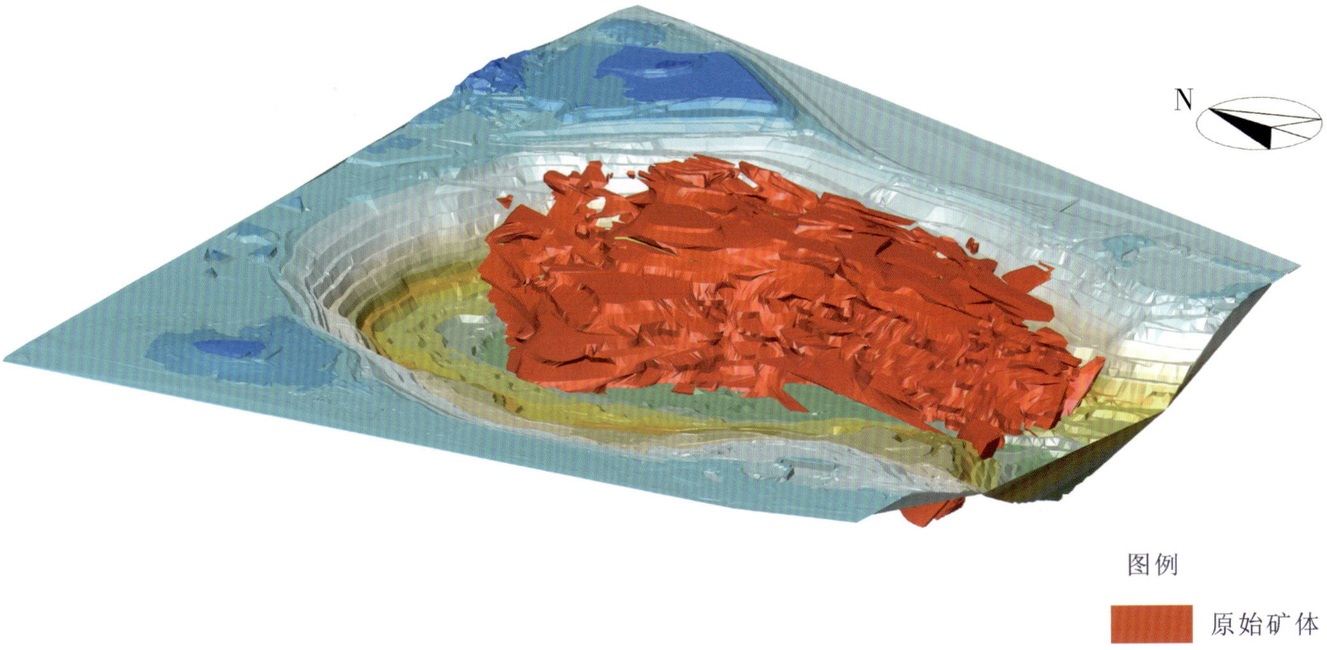

● 矿区综合模型

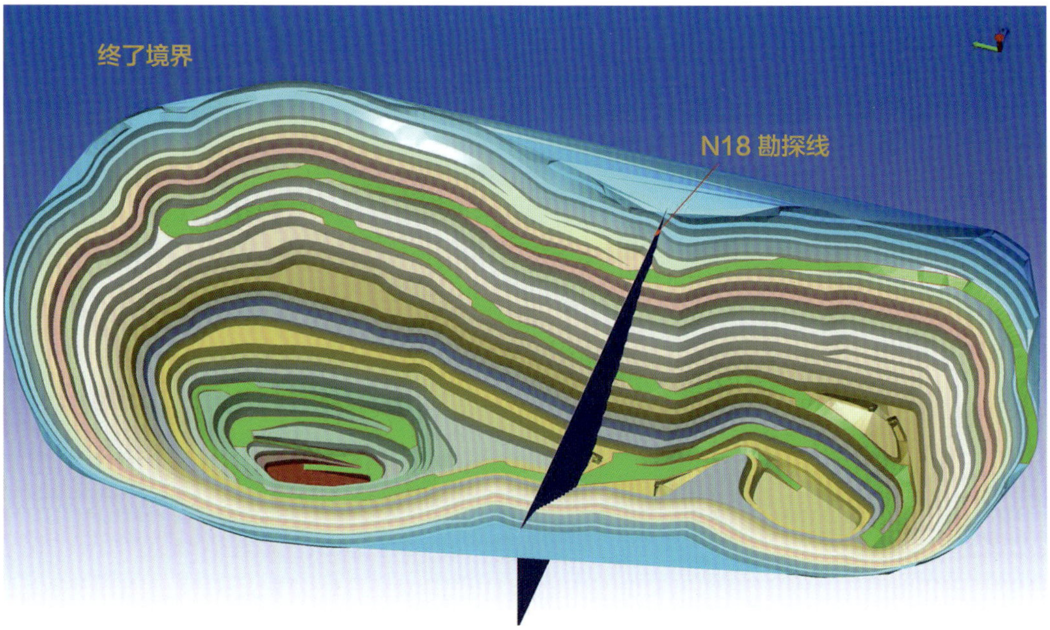

●终了境界

地表三维模型

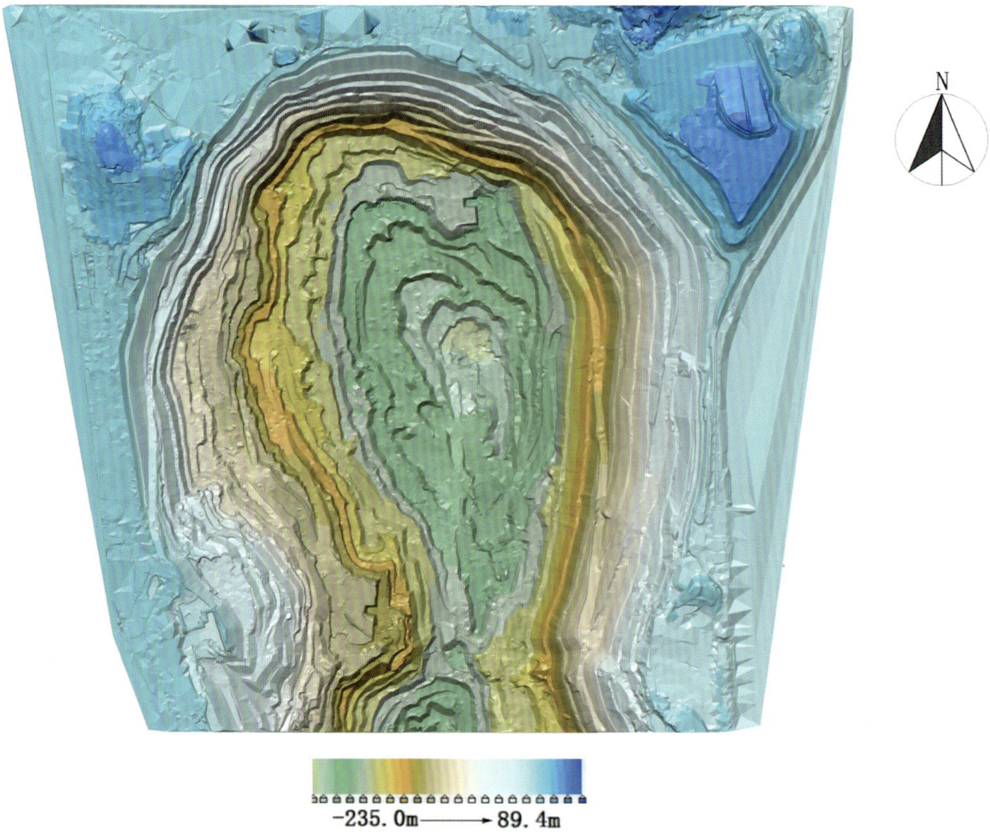

●地表模型

矿体三维模型

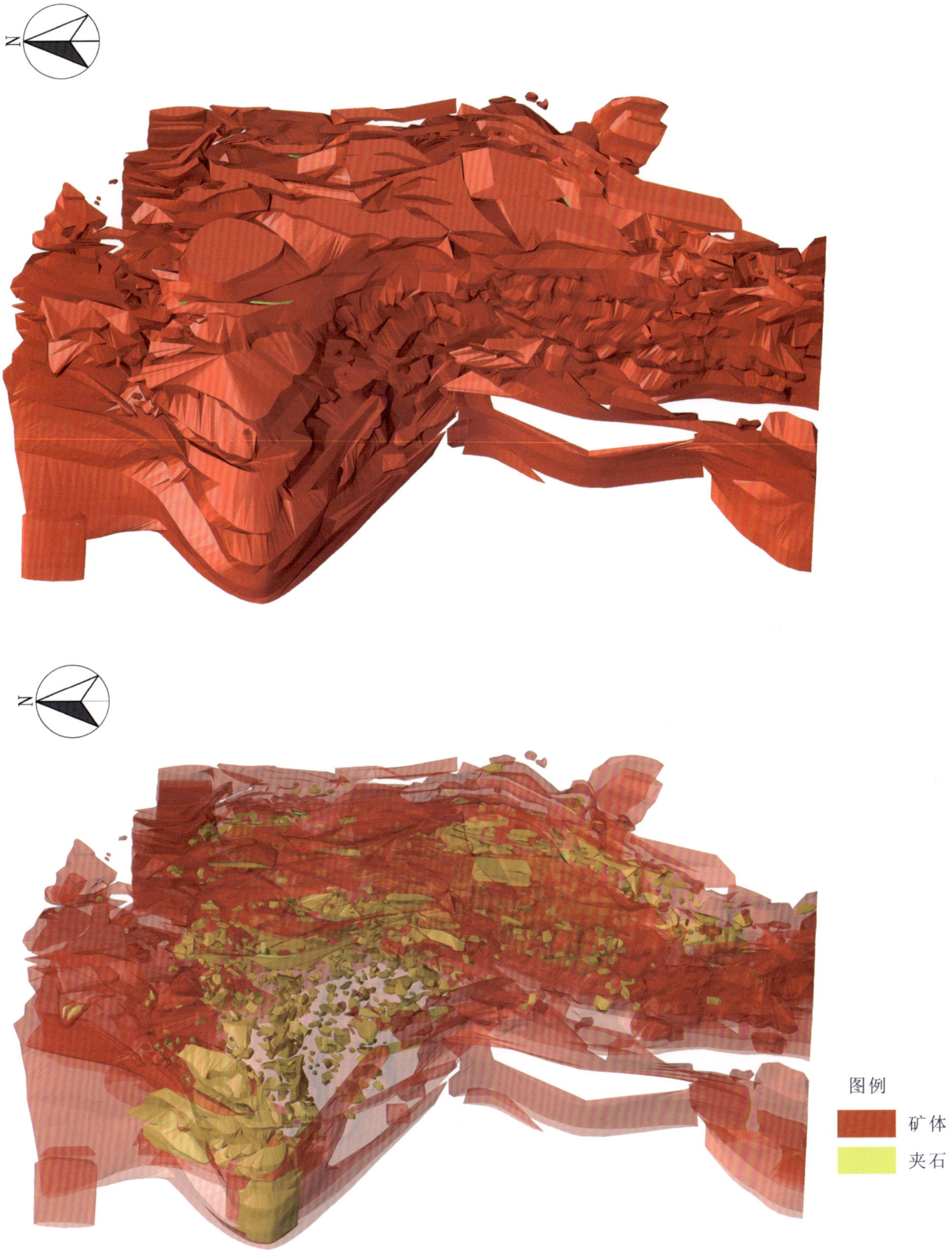

● 矿体模型

巷道三维模型

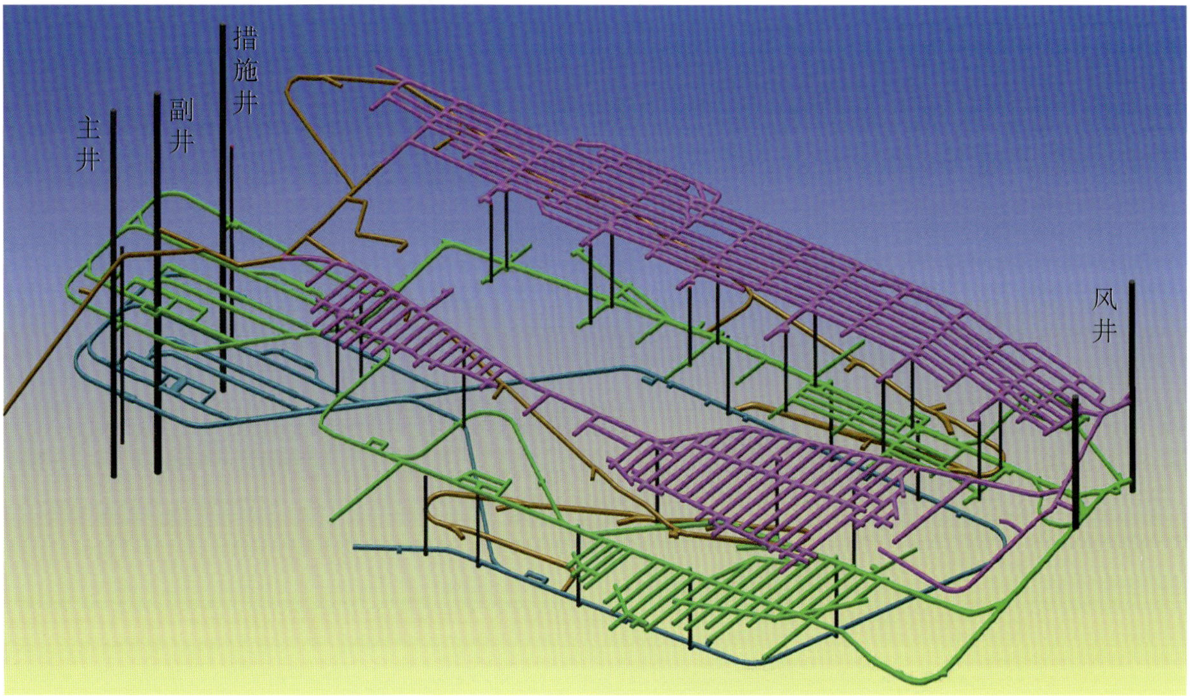

●巷井工程

储量三维模型

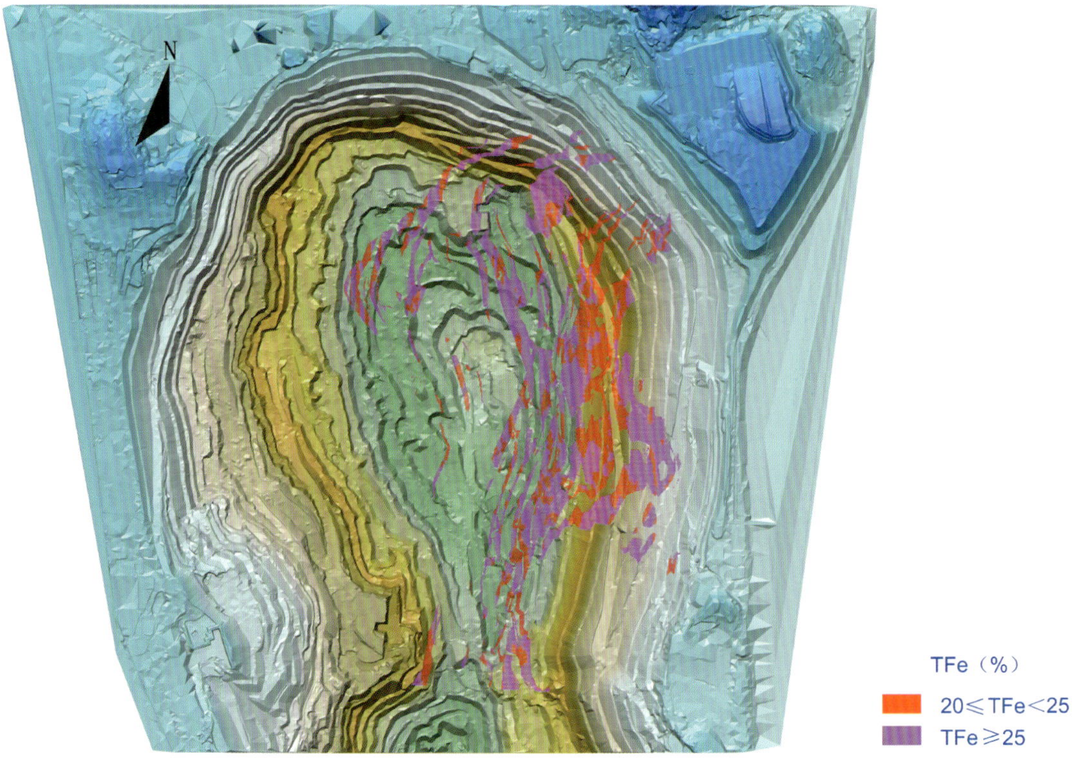

●地表附近矿体品位分布

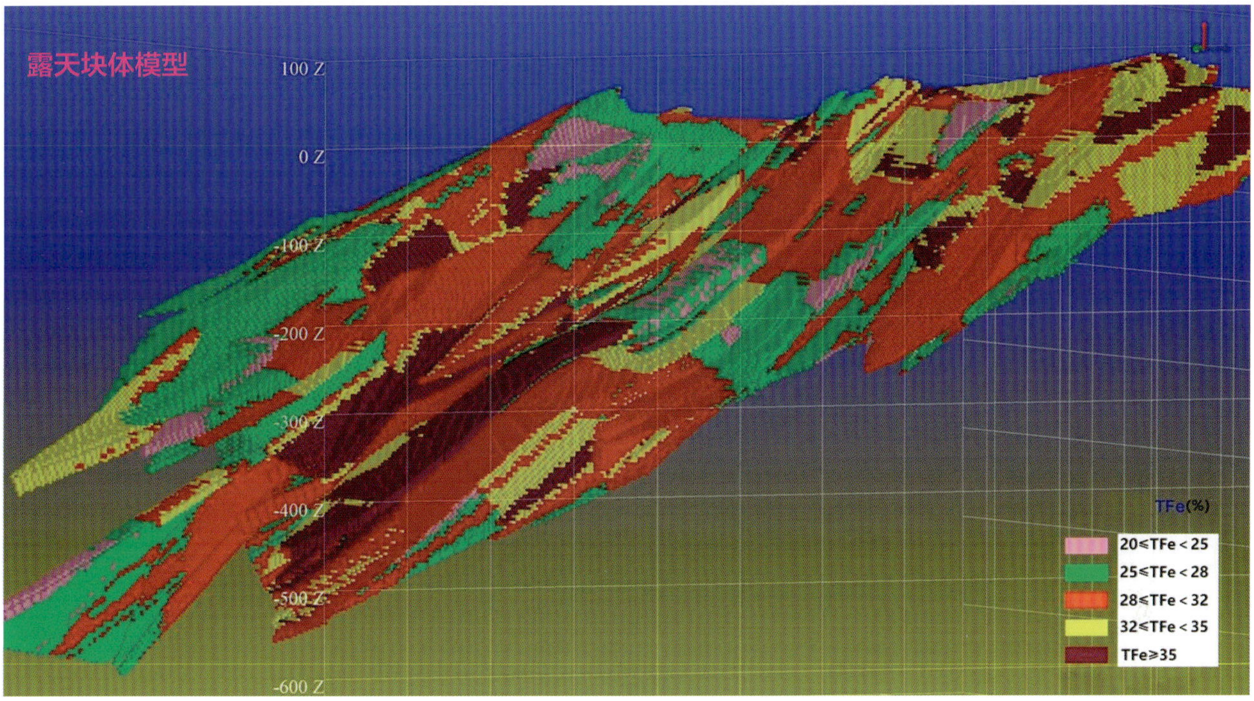

● 露天块体模型

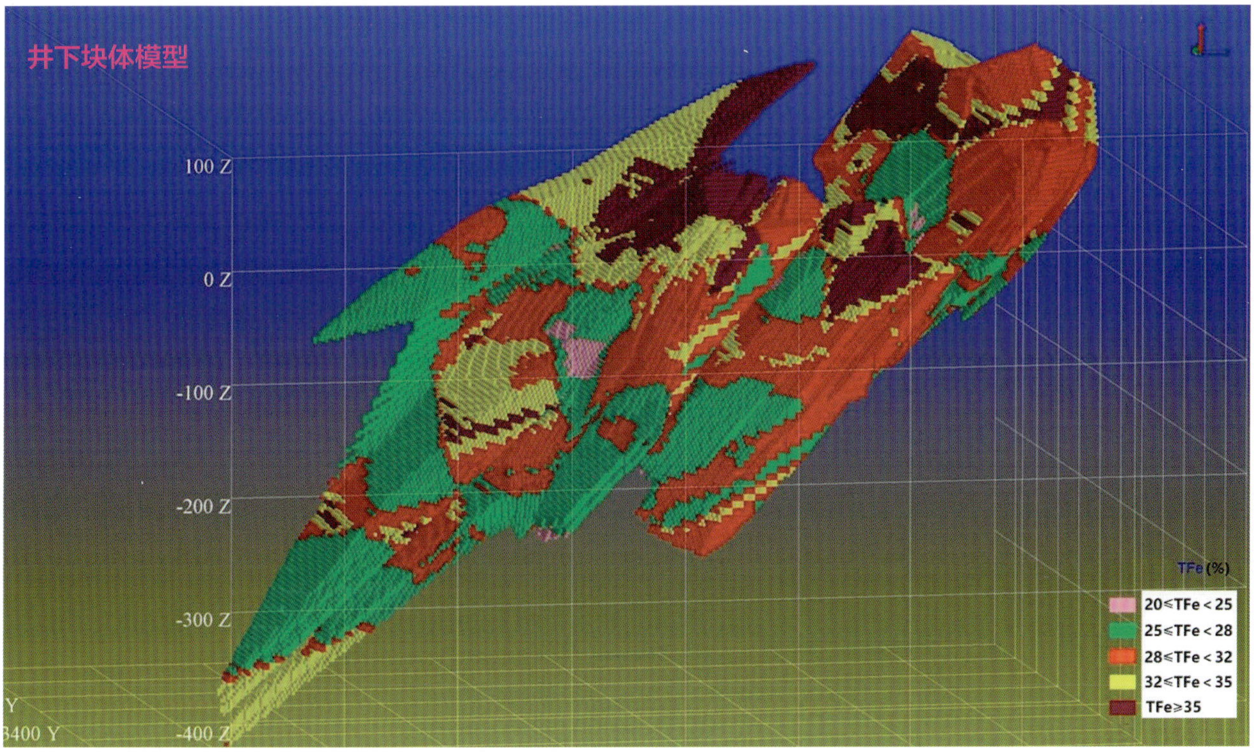

● 井下块体模型

应　用

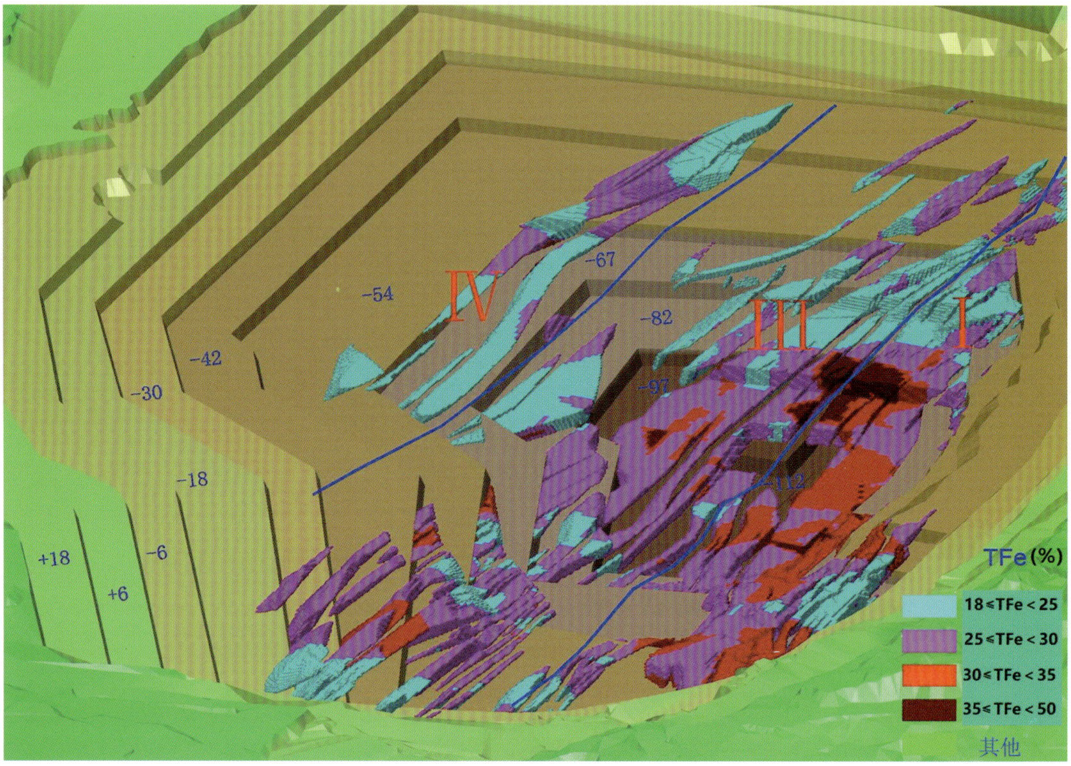

● 回采区域矿石质量情况

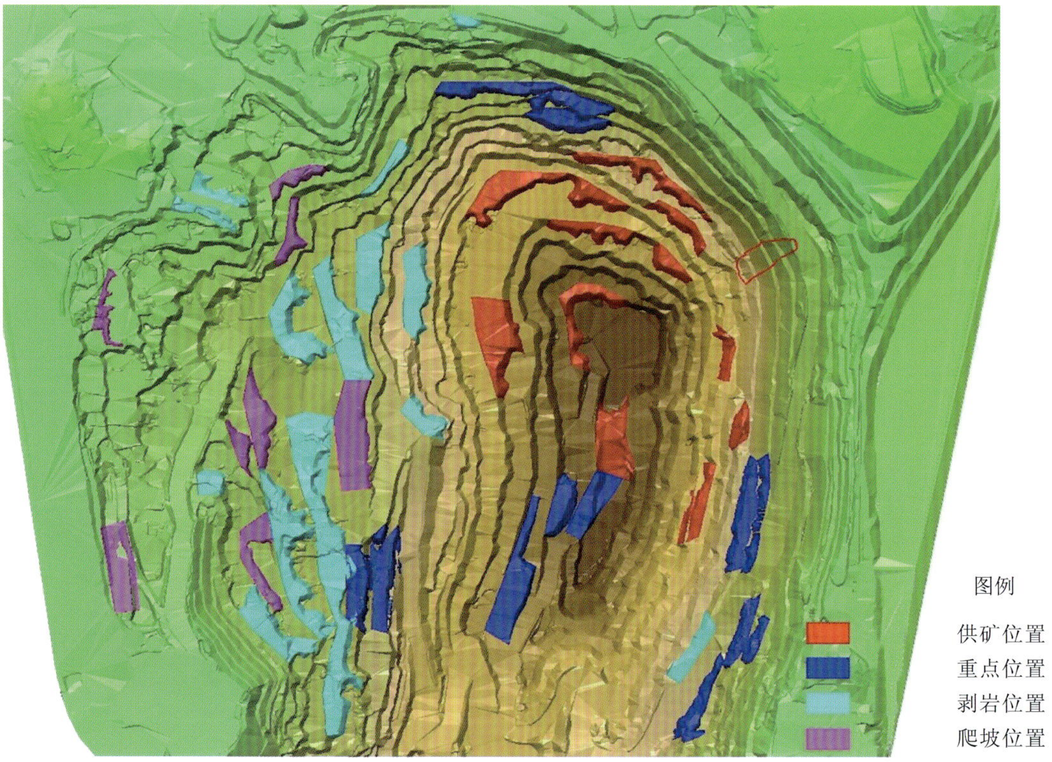

● 采场采剥计划图

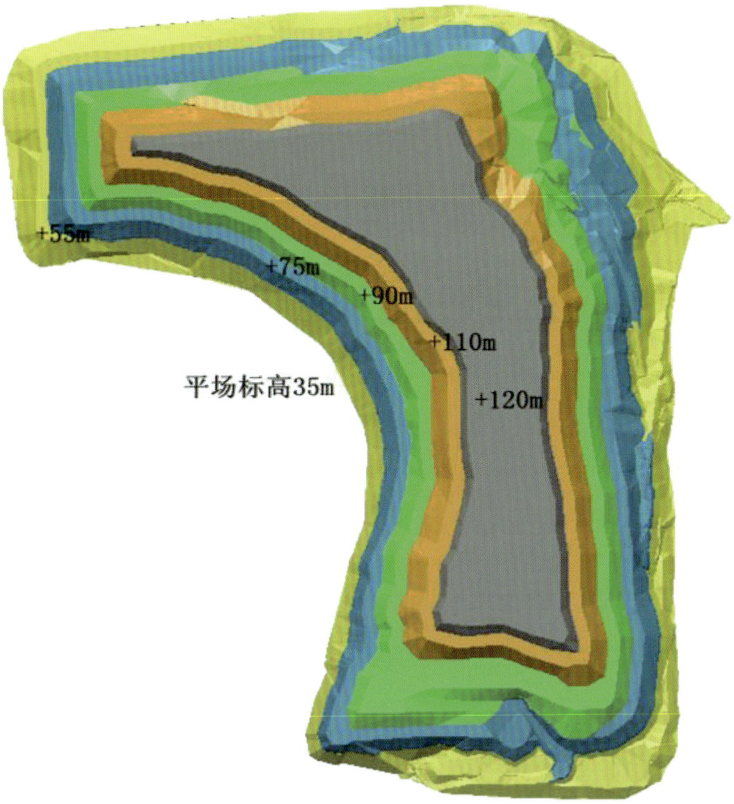

● 排土场设计

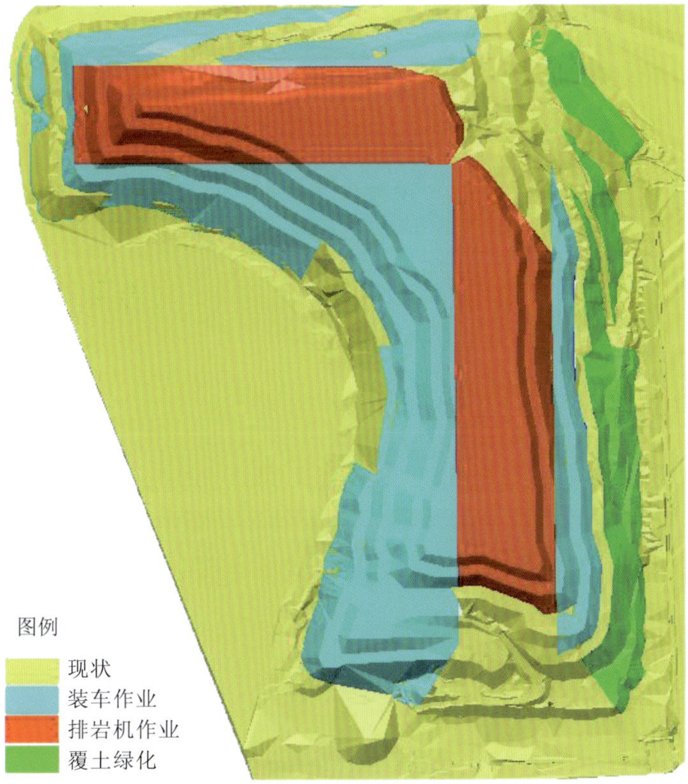

● 临时排放及绿化方案

2 河北省秦皇岛市青龙满族自治县沉积变质型铁矿

该矿山出露地层主要为新太古代双山子岩群茨榆山组角闪变粒岩及中生代火山沉积岩，侵入岩以太古宙晚期变质深成岩及中生代晚期响山花岗岩为主，并伴随一系列基性一酸性岩脉产出。矿床产于新太古代双山子岩群茨榆山组角闪变粒岩中，矿石岩性为磁铁石英岩，属鞍山式沉积变质型铁矿。

该矿山建设的三维地质模型包括地表模型、钻孔模型、矿体模型、巷道模型和资源储量模型。通过这些模型，能够展示出采矿权范围，呈现钻孔轨迹、巷道走向、地表现状与赋存矿体实体的空间关系，显示矿体与断层的空间位置关系，可以实现利用块体模型统计矿体储量，有利于设计中深孔，设计爆破孔，指导生产管理。

2 矿山三维模型

矿山全貌

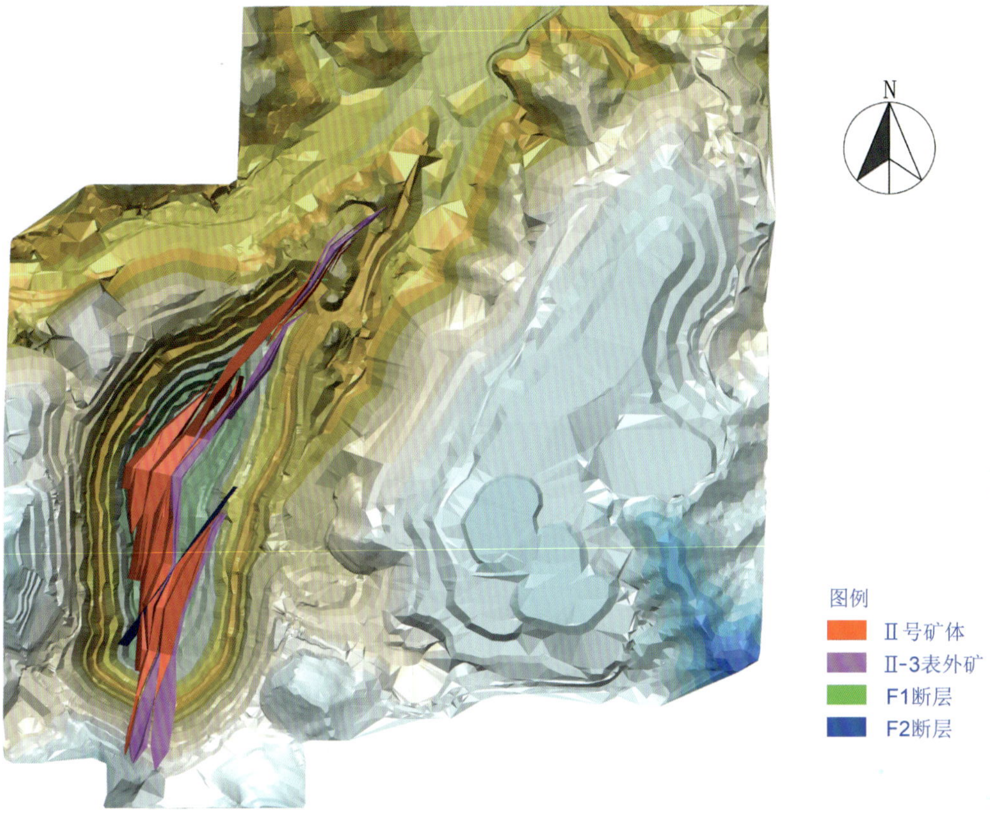

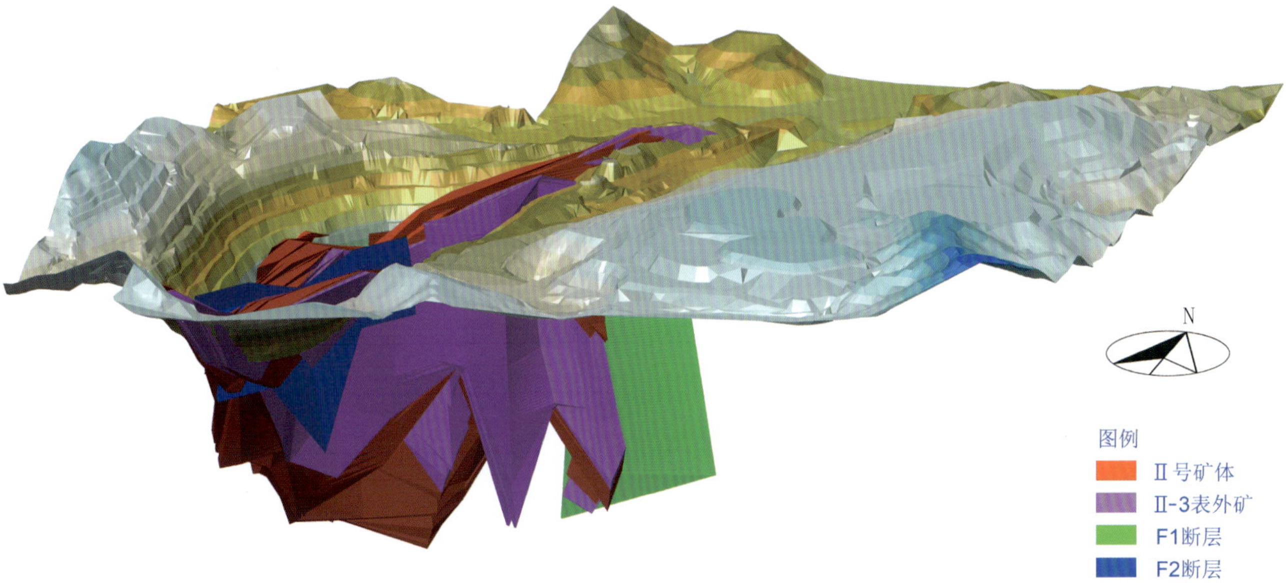

● 矿区综合模型

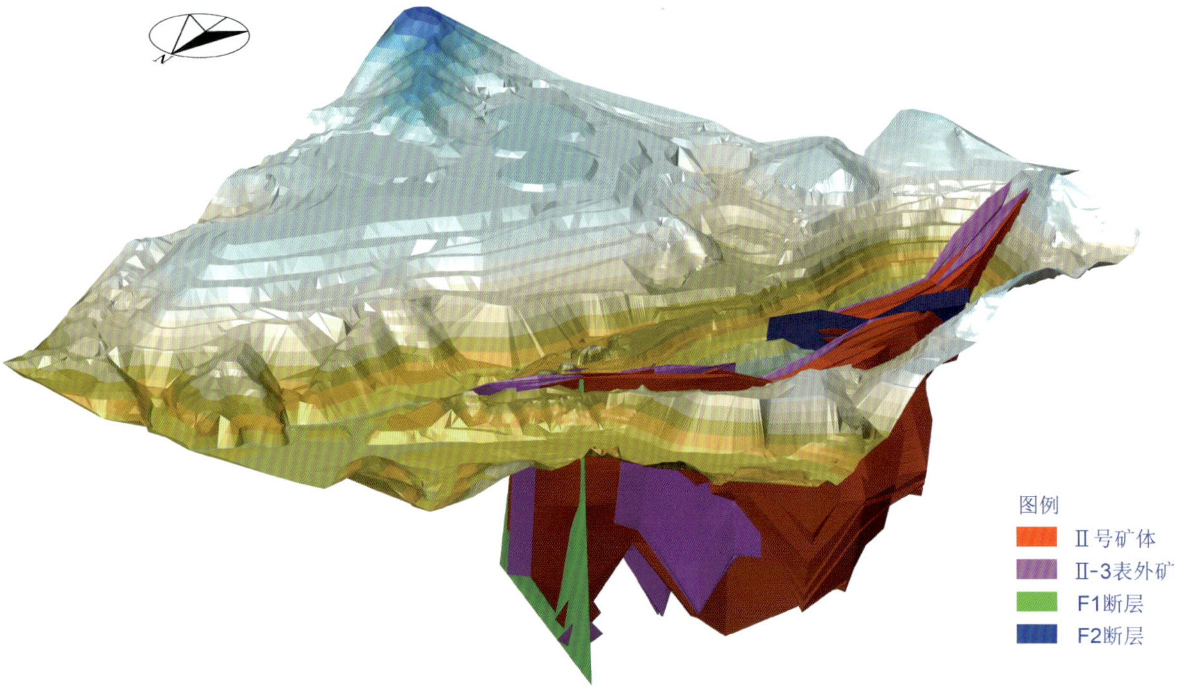
图例
Ⅱ号矿体
Ⅱ-3表外矿
F1断层
F2断层

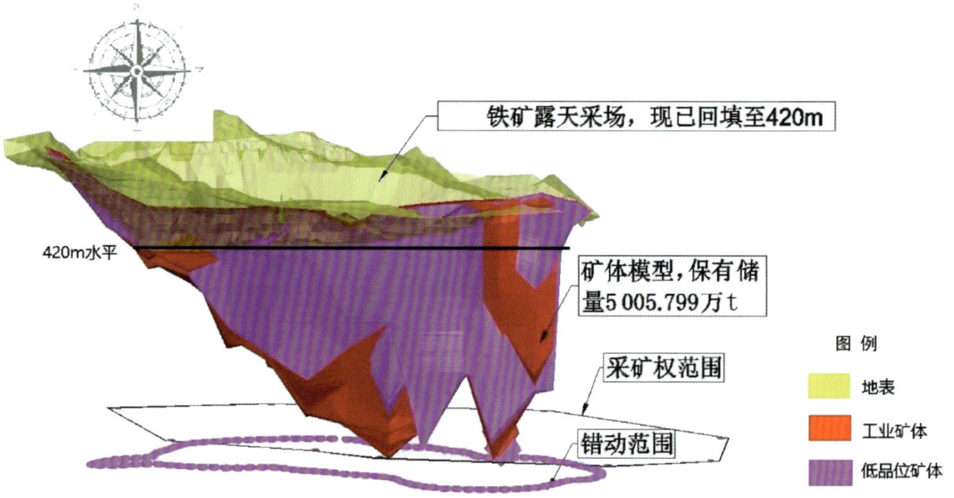
铁矿露天采场，现已回填至420m
420m水平
矿体模型，保有储量5 005.799万t
采矿权范围
错动范围
图 例
地表
工业矿体
低品位矿体

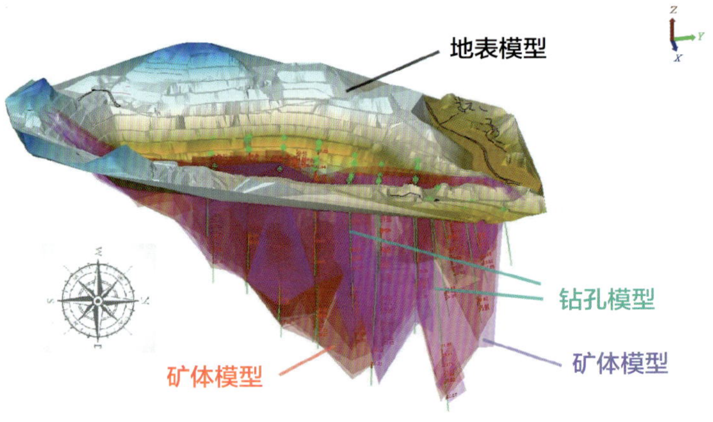
地表模型
钻孔模型
矿体模型
矿体模型

●矿区综合模型

矿体三维模型

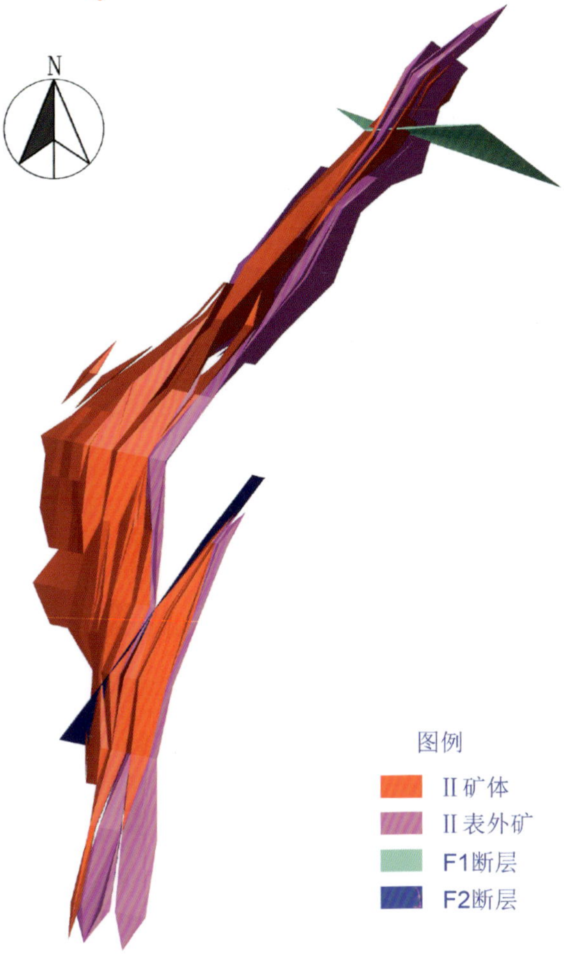

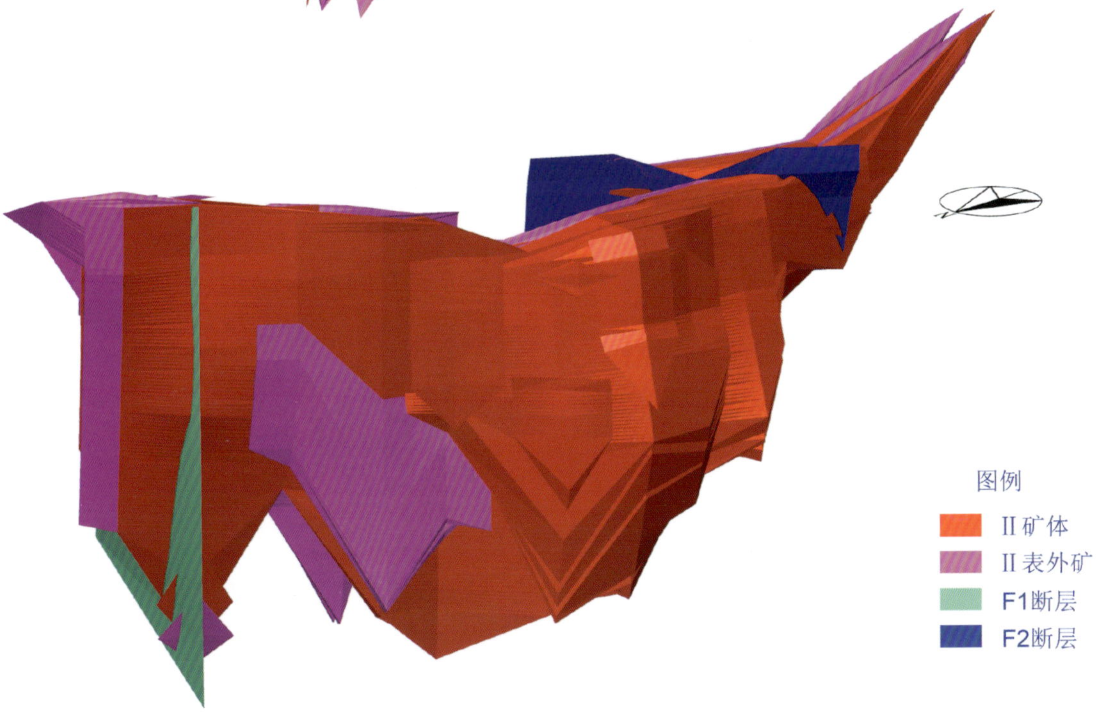

● 矿体模型

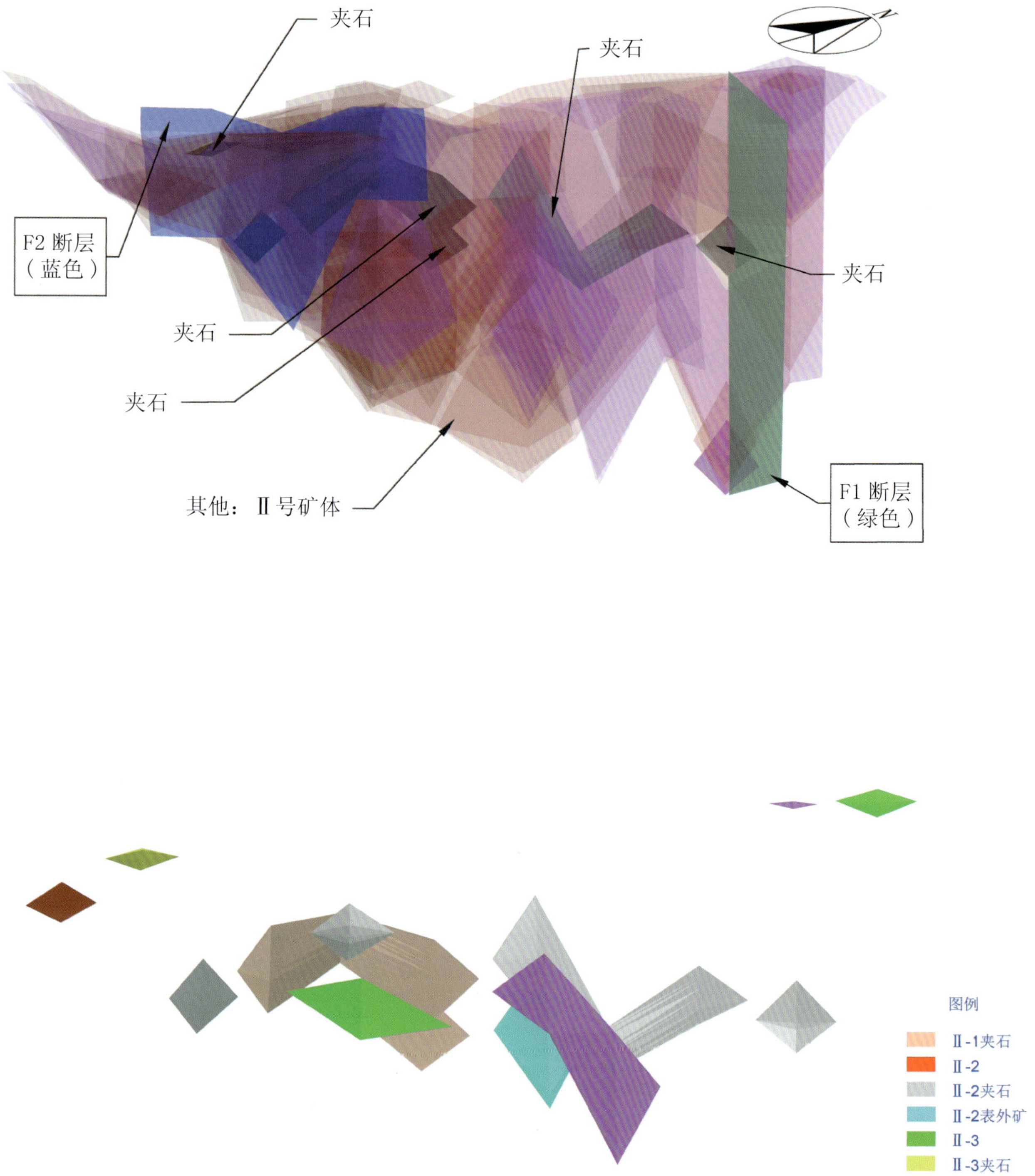
夹石
夹石
F2 断层
（蓝色）
夹石
夹石
夹石
其他：Ⅱ号矿体
F1 断层
（绿色）
图例
Ⅱ-1夹石
Ⅱ-2
Ⅱ-2夹石
Ⅱ-2表外矿
Ⅱ-3
Ⅱ-3夹石
Ⅱ-3表外矿

● 矿体模型（夹石）

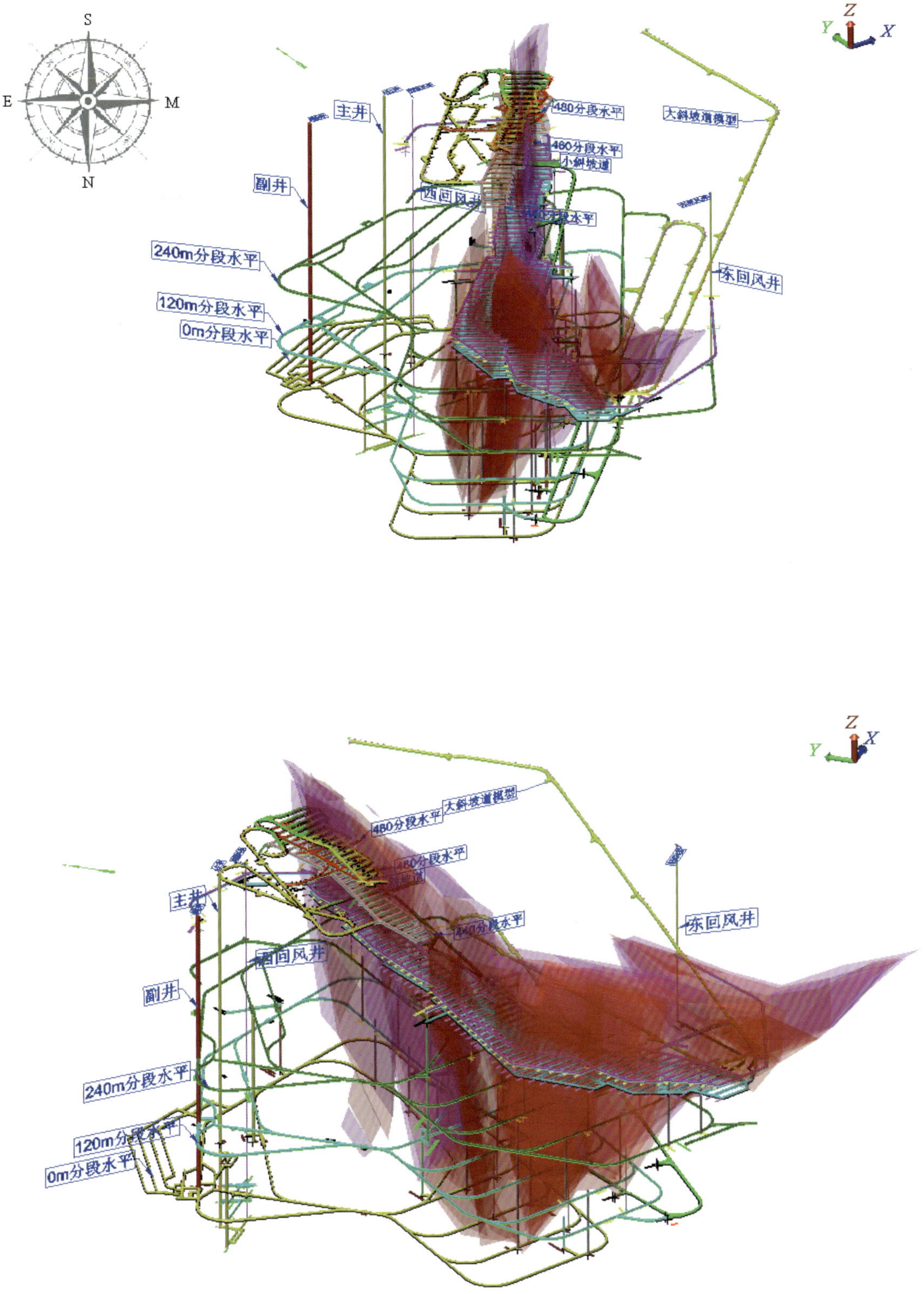
S
E
M
N
Z
Y
X
主井
副井
480分段水平
大斜坡道模型
460分段水平
小斜坡道
西回风井
东回风井
240m分段水平
120m分段水平
0m分段水平

巷道模型

储量三维模型

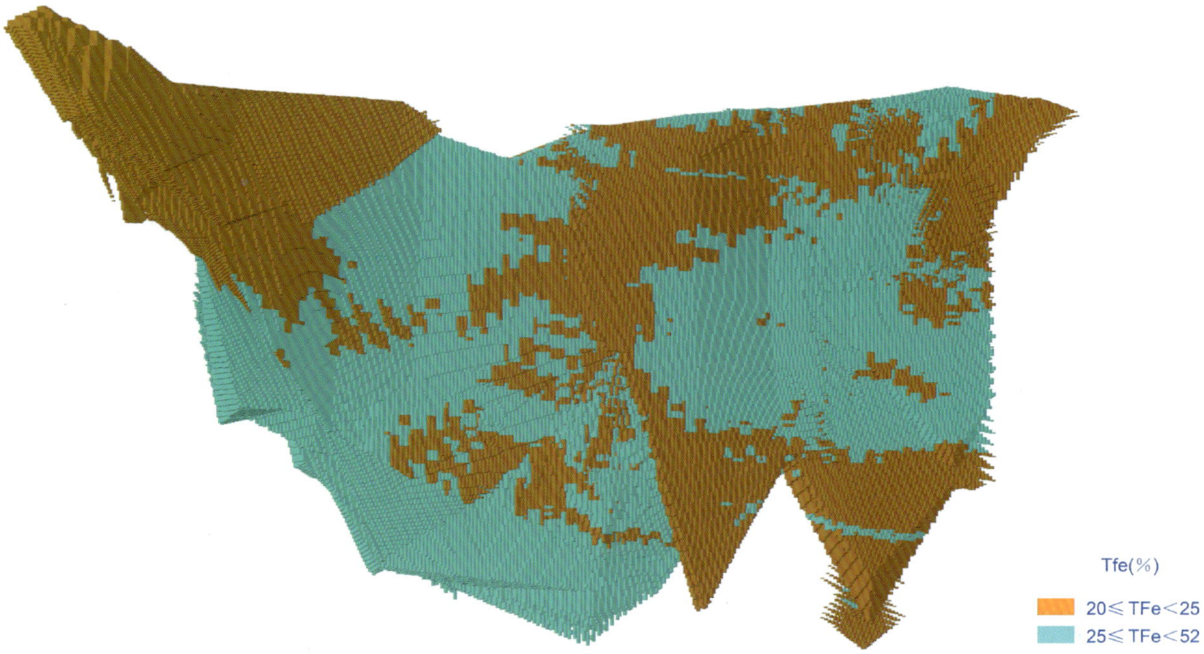

● 资源储量模型（品位分布）

A	B	C	D	E
		3DMine块状模型报告		
矿石类型	矿石编号	体积(m³)	质量(t)	Tfe(%)
表内矿	Ⅱ-2	399 600	1 302 696	28.38
表内矿	Ⅱ-1	213 984	697 587.84	32.07
表内矿	Ⅱ-3	229 752	748 991.52	24.22
	小计	843 336	2 749 275.36	28.18
表外矿	Ⅱ-2表外矿	30 888	100 694.88	29.33
表外框	Ⅱ-3表外框	223 560	728 805.6	26.42
	小计	254 448	829 500.48	26.78
合计		1 097 784	3 578 773.84	27.86

● 块体模型报告

3 河北省保定市涞源县沉积变质型铁矿

该矿山出露地层主要为太古宇石咀子岩群金刚库岩组片麻状黑云变粒岩，岩浆岩主要为太古宙五台期深成变质岩及吕梁期辉绿岩脉、花岗伟晶岩脉。矿床产于石咀子岩群金刚库岩组中，矿石岩性含角闪石磁铁石英岩，属鞍山市沉积变质型铁矿。

该矿山建设的三维地质模型包括地表模型、矿体模型和资源储量模型等。通过这些模型，能够展示地表形态、矿体形态，呈现地表现状与赋存矿体实体的空间关系，显示矿石品位，进行矿量、储量的估算有利于指导供配矿生产等日常生产需求。

3 矿山三维模型

矿山全貌

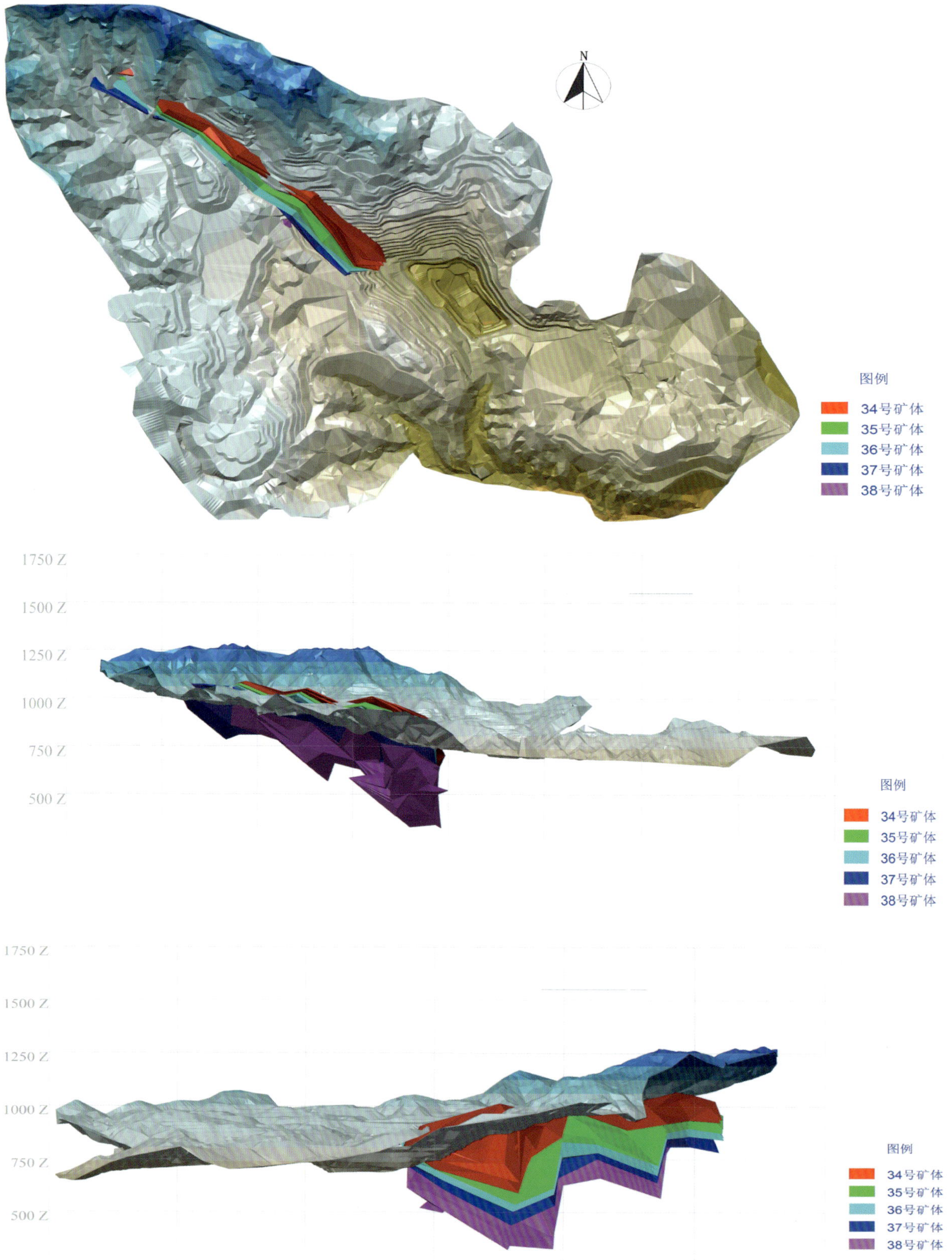
N
图例
34号矿体
35号矿体
36号矿体
37号矿体
38号矿体
1750 Z
1500 Z
1250 Z
1000 Z
750 Z
500 Z
图例
34号矿体
35号矿体
36号矿体
37号矿体
38号矿体
1750 Z
1500 Z
1250 Z
1000 Z
750 Z
500 Z
图例
34号矿体
35号矿体
36号矿体
37号矿体
38号矿体

● 矿区综合模型

矿体三维模型

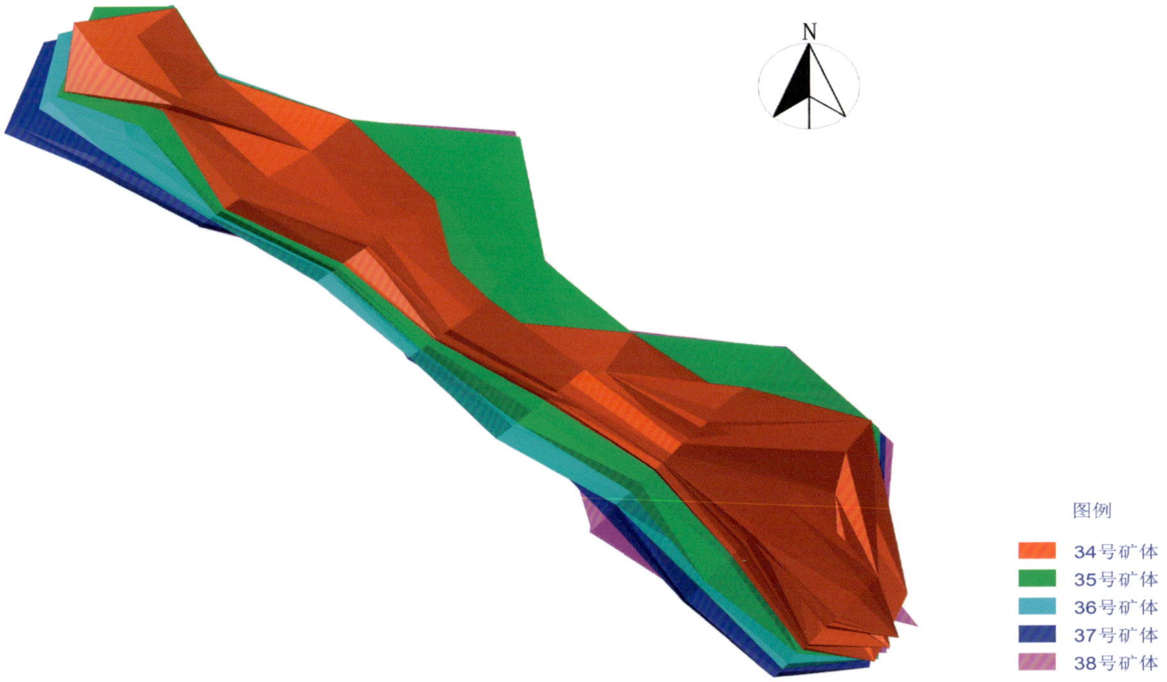
N
图例
34号矿体
35号矿体
36号矿体
37号矿体
38号矿体

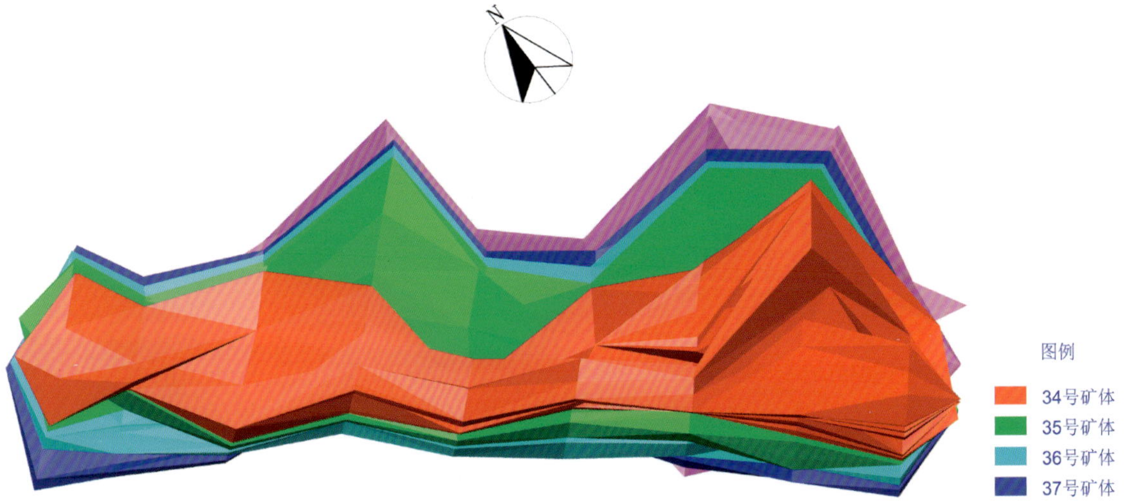
N
图例
34号矿体
35号矿体
36号矿体
37号矿体
38号矿体

● 矿体模型

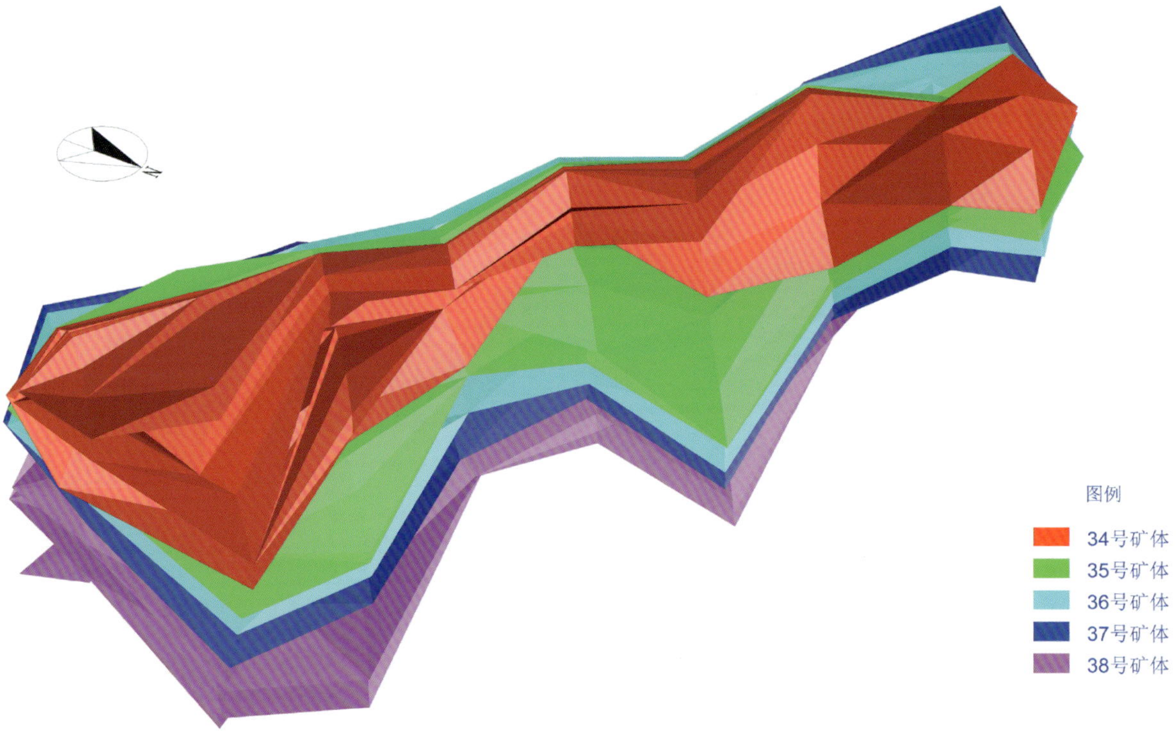
图例
34号矿体
35号矿体
36号矿体
37号矿体
38号矿体

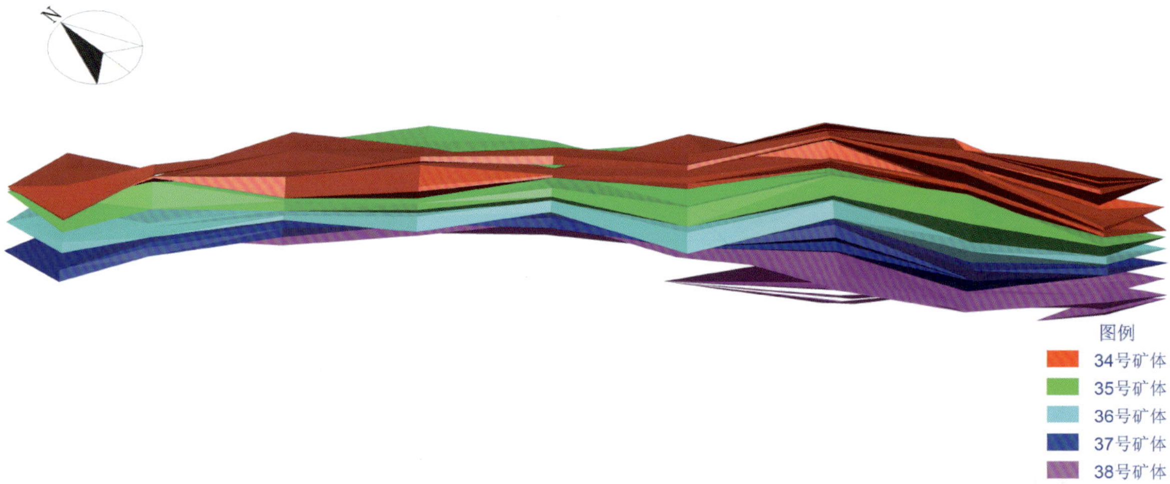
N
图例
34号矿体
35号矿体
36号矿体
37号矿体
38号矿体

● 矿体模型

储量三维模型

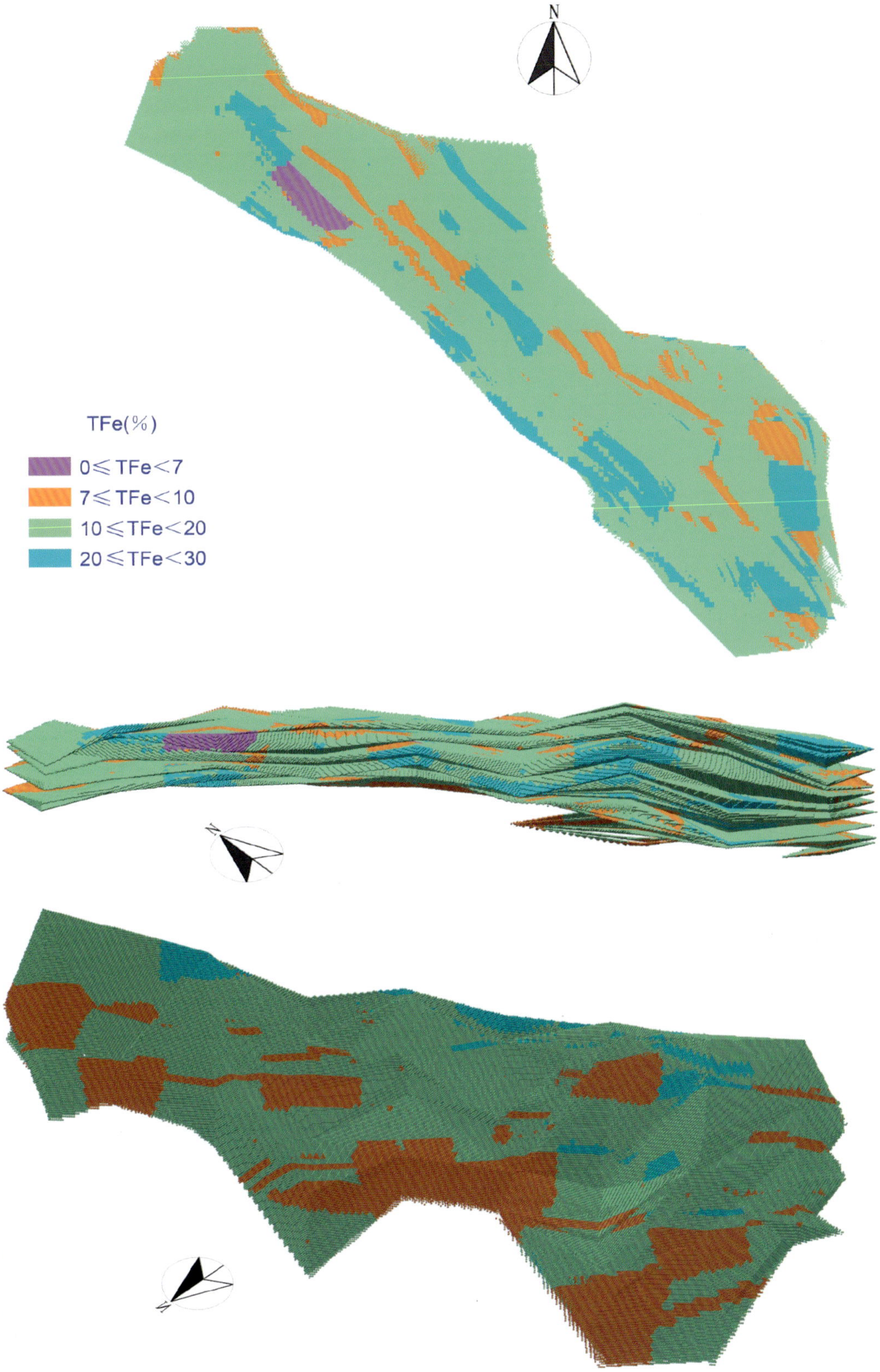

● 资源储量模型（品位分布）

4 河北省承德市宽城县沉积变质型铁矿①

该矿山出露地层主要有太古宇遵化岩群张杖子组斜长角闪岩和滦阳组角闪斜长片麻岩、黑云变粒岩以及中元古界长城系高于庄组白云岩，除太古宙末期伟晶岩脉及中生代中基性岩脉外，未发现大规模侵入体出露。矿床产于滦阳组中，矿石岩性为磁铁石英岩，属鞍山市沉积变质型铁矿。

该矿山建设的三维地质模型包括地表模型、矿体模型、巷道模型和采空区模型。通过这些模型，目前能够呈现巷道走向、地表现状与赋存矿体实体的空间关系，可以更加直观地了解矿区矿体的开采情况并指导生产。

4 矿山三维模型

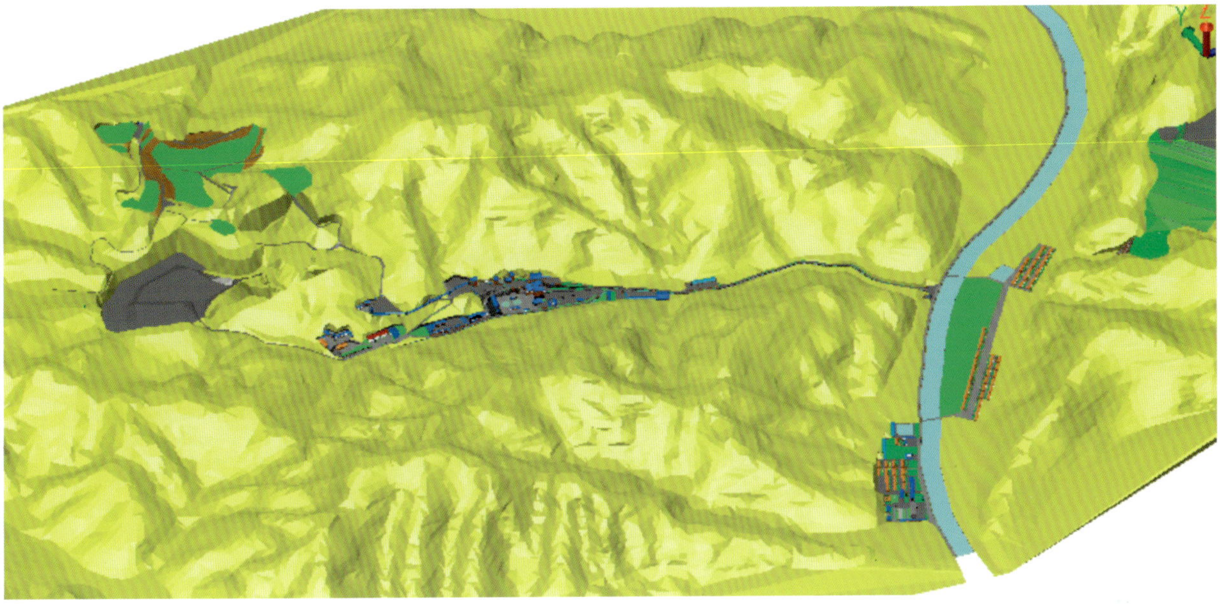

●地表模型

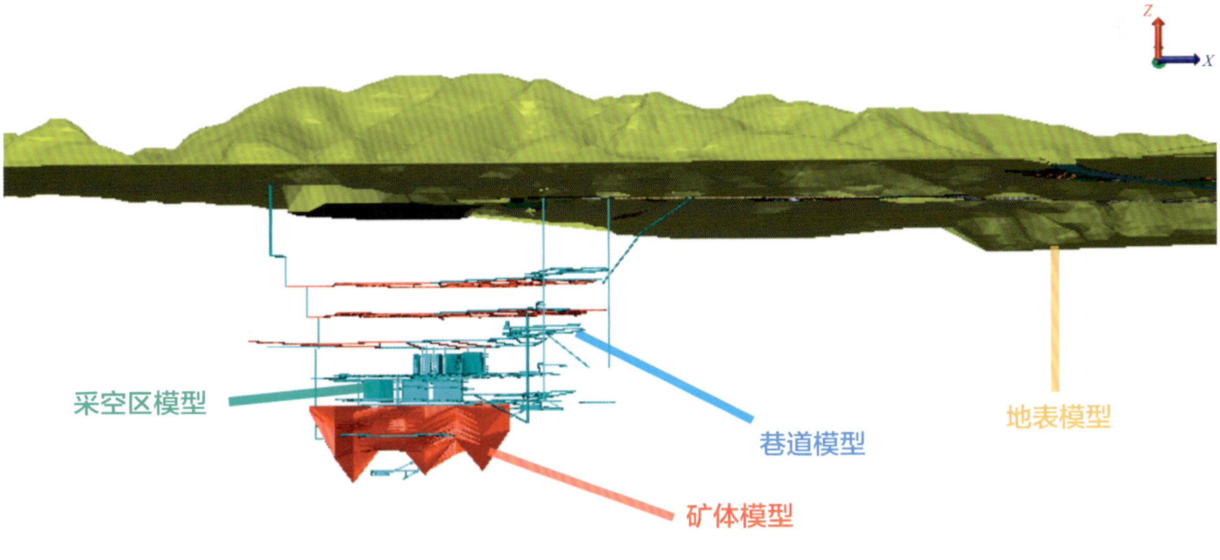

●矿区综合模型

5 河北省承德市宽城县沉积变质型铁矿②

该矿山主要出露地层为太古宇迁西群拉马沟组黑云角山斜长片麻岩，中元古界长城系高于庄组白云岩、常州沟组石英砂岩，区内岩浆岩不发育，后期脉岩少见。矿床赋存于太古宇迁西群拉马沟组角山斜长片麻岩中，矿石岩性为磁铁石英岩，属鞍山市沉积变质型铁矿。

该矿山建设的三维地质模型包括地表模型、矿体模型和巷道模型。通过这些模型，目前能够展示出地表形态，呈现巷道走向、地表现状与赋存矿体实体的空间关系，可以更加直观地显示了矿山的整体情况。

5 矿山三维模型

矿山全貌

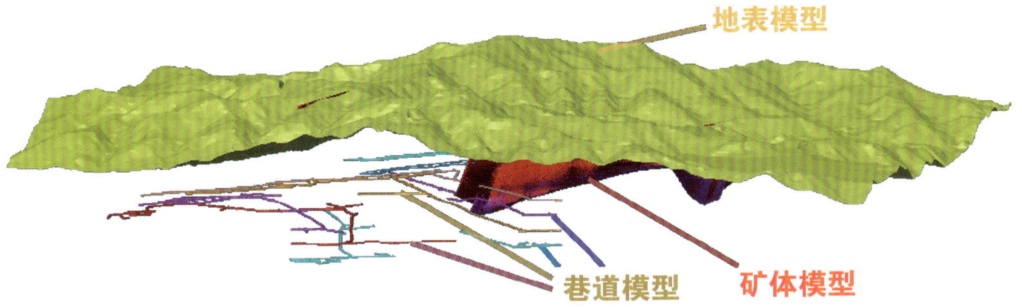

●矿区综合模型

矿体三维模型

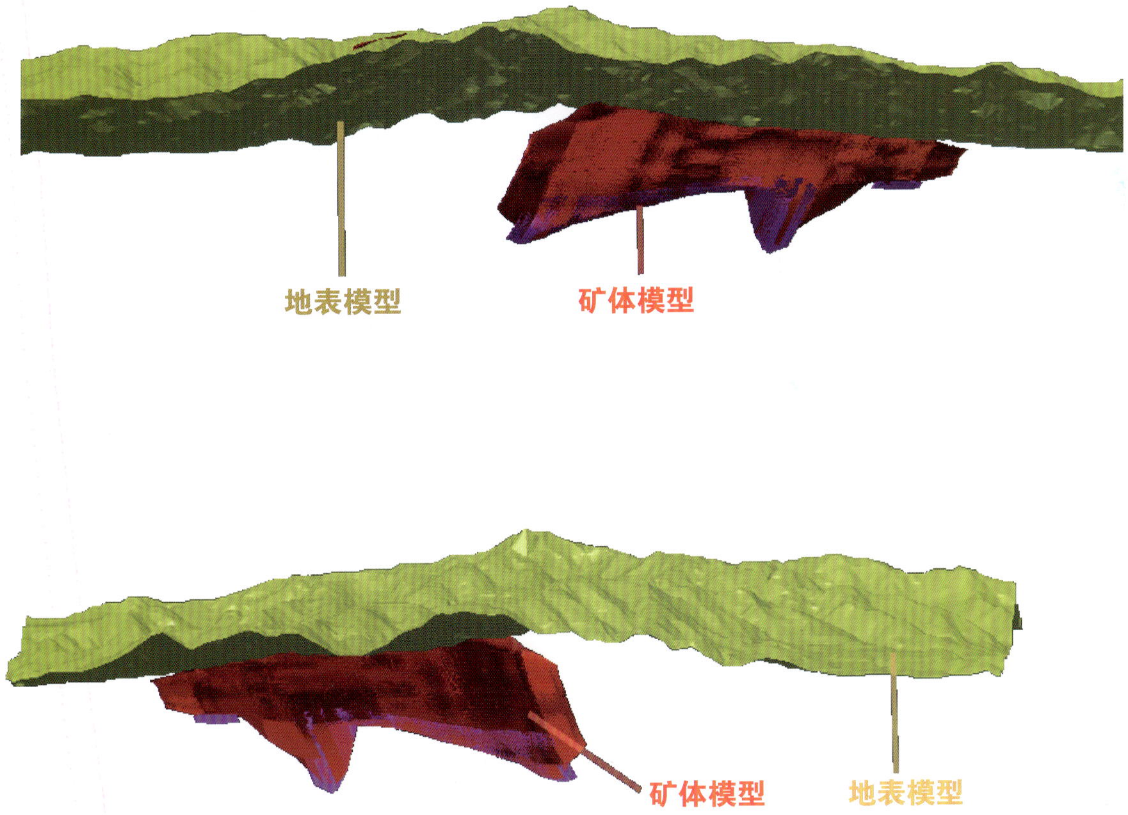

●矿体模型

巷道三维模型

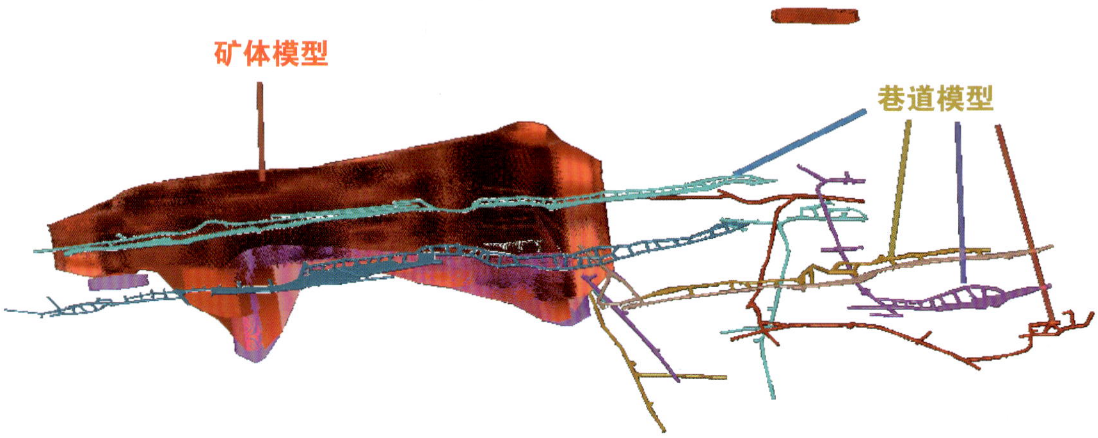

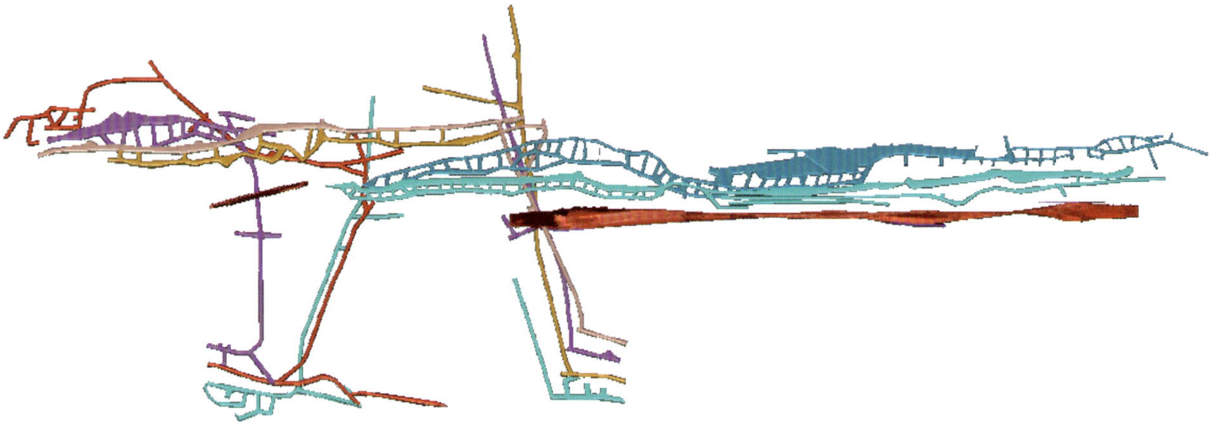

●巷道模型

6 河北省承德市宽城县沉积变质型铁矿③

该矿山主要出露地层为太古宇迁西群拉马沟组黑云角山斜长片麻岩、中元古界长城系常州沟组砂砾岩，区内岩浆岩不发育，仅有少量脉岩。矿床赋存于太古宇迁西群拉马沟组角山斜长片麻岩中，矿石岩性为磁铁石英岩，属鞍山市沉积变质型铁矿。

该矿山建设的三维地质模型包括矿体模型和巷道模型。通过这些模型，目前能够呈现巷道走向、地表现状与赋存矿体实体的空间关系。

6 矿山三维模型

矿山全貌

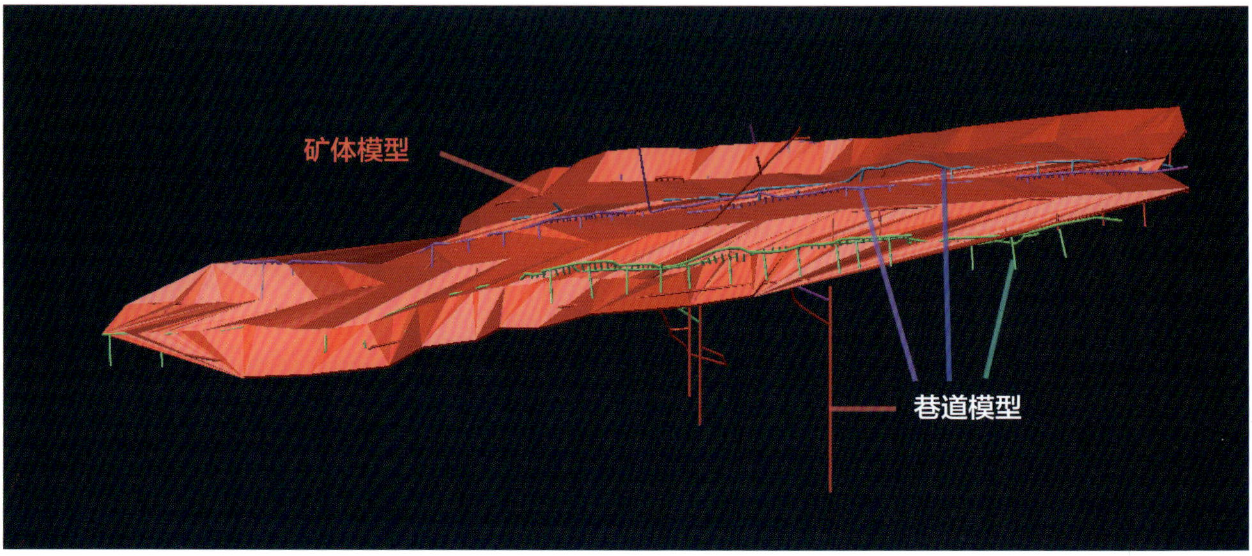

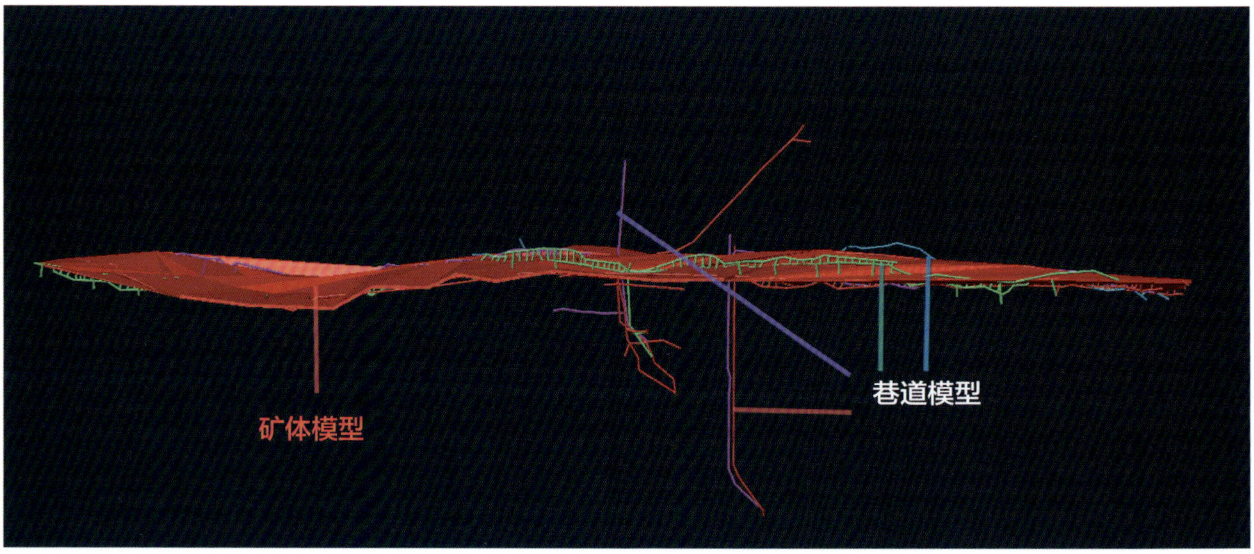

● 矿区综合模型

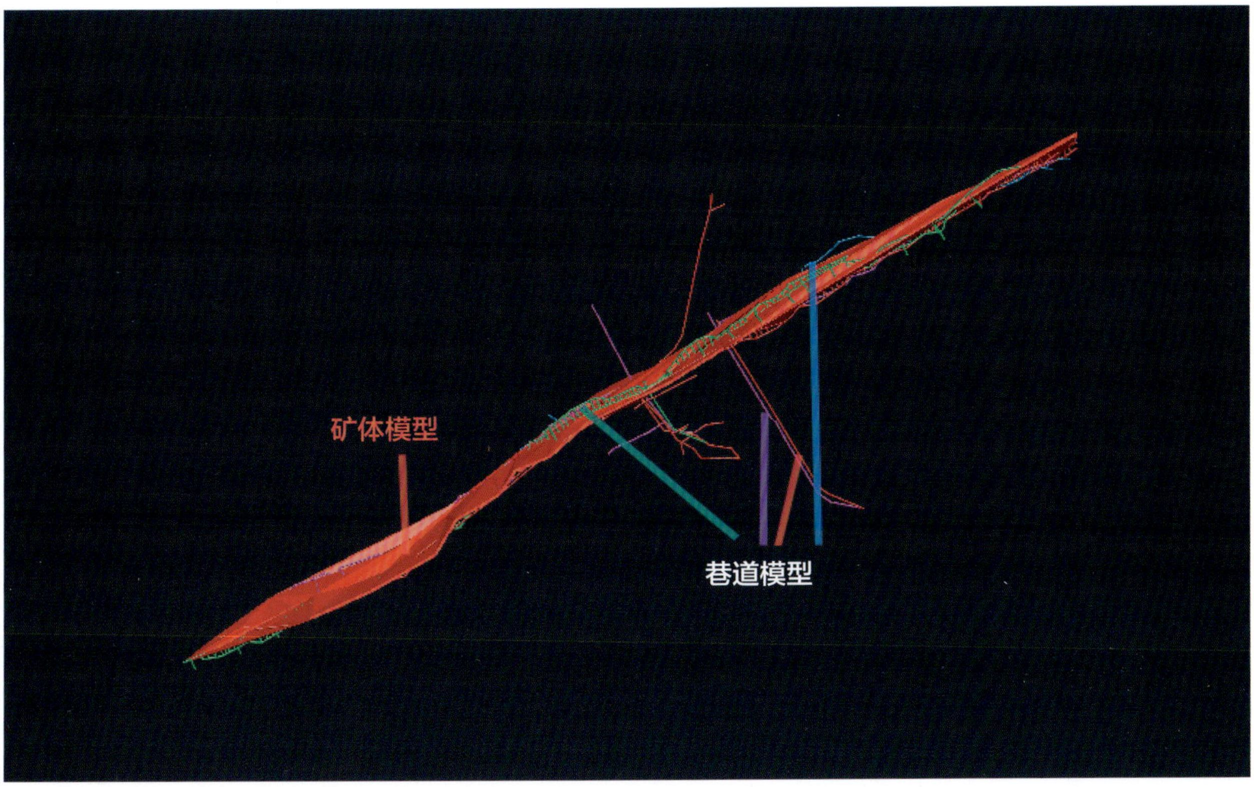

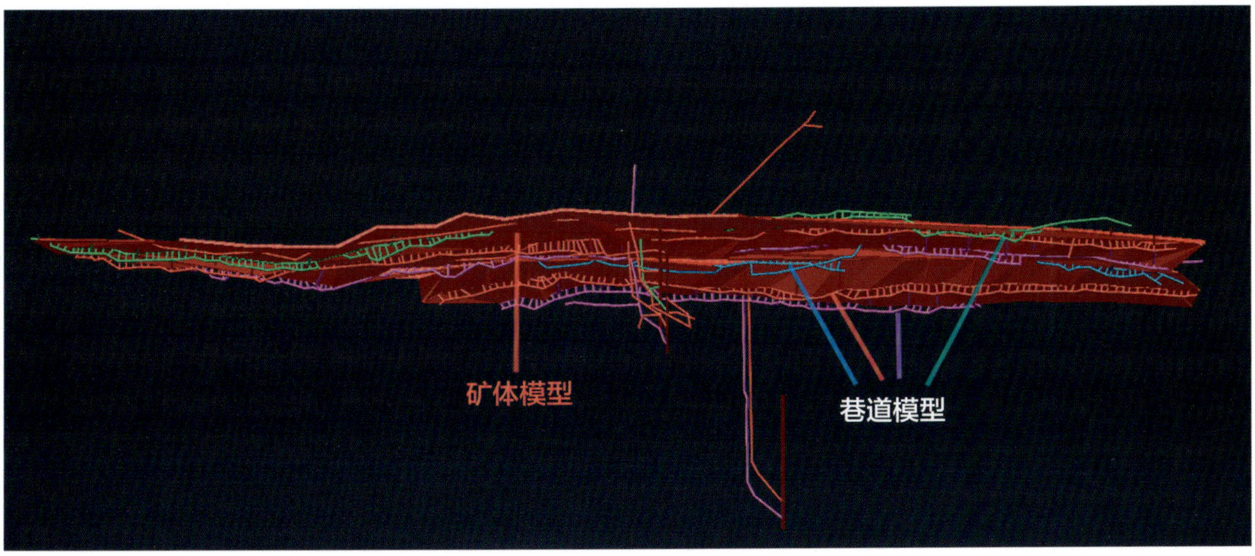

● 矿区综合模型

三维巷道模型

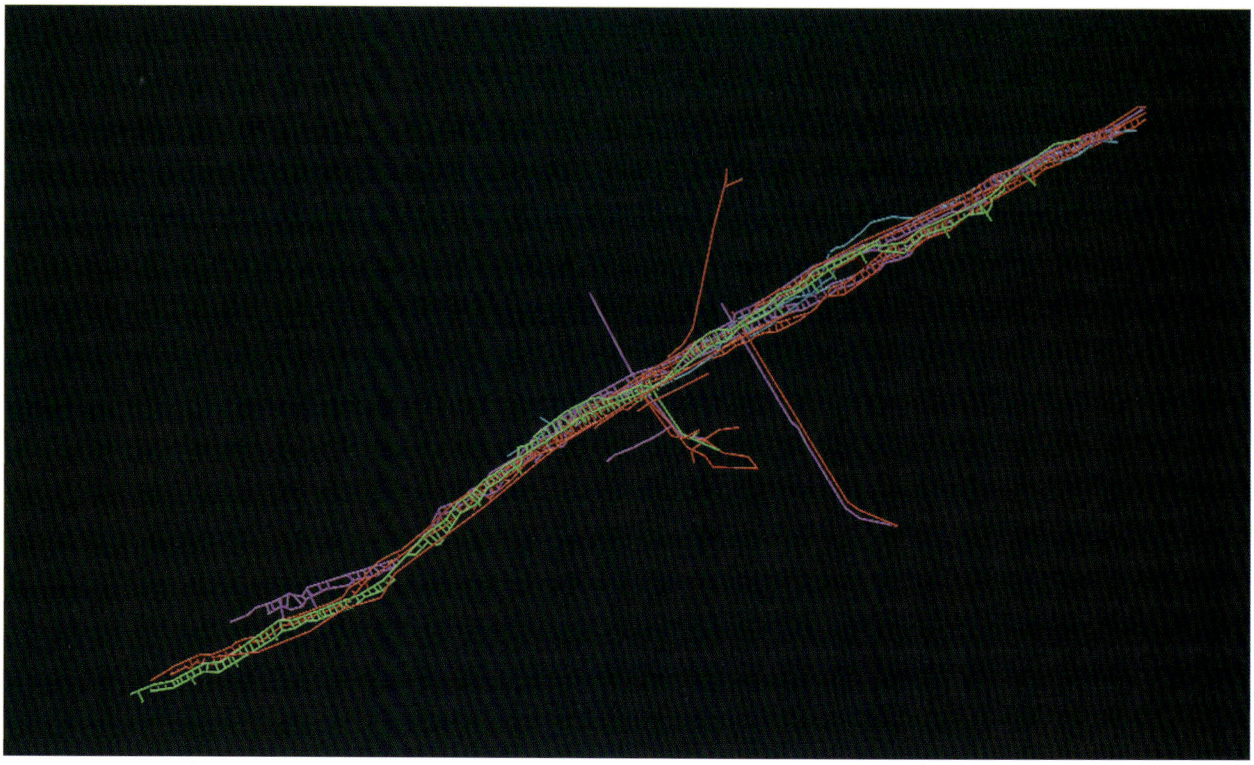

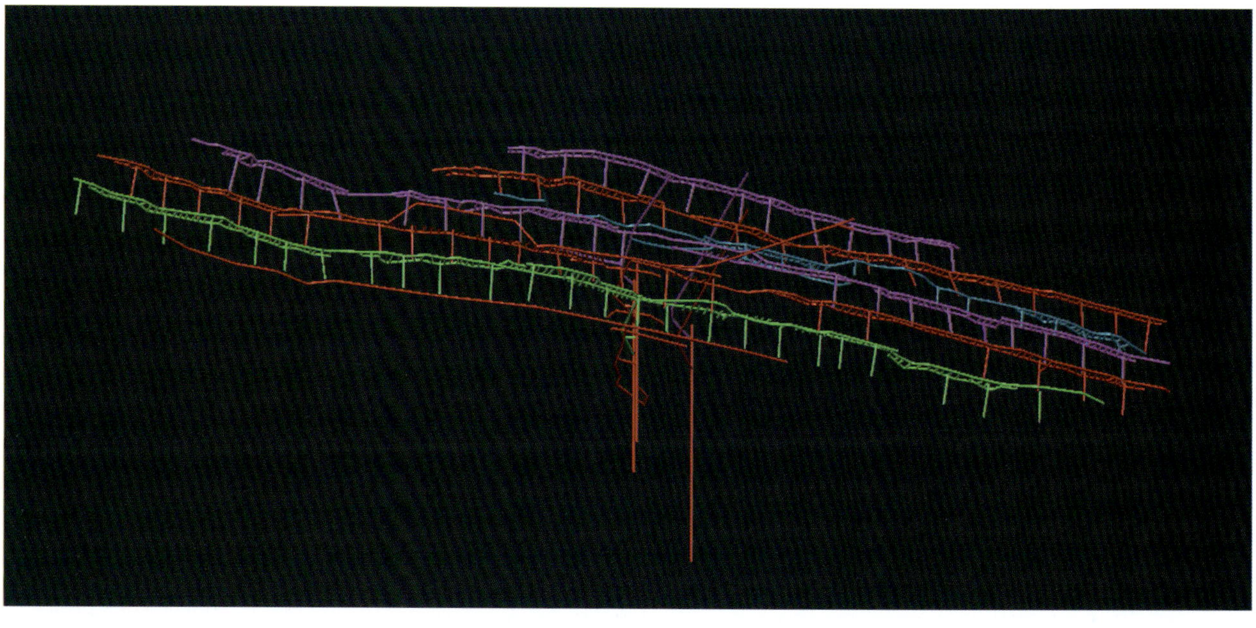

巷道模型

7 河北省承德市宽城县基性—超基性岩型超贫磁铁矿

该矿山出露地层主要为太古宇迁西群拉马沟组斜长角闪片麻岩、中元古界长城系常州沟组砂砾岩和石英砂岩，岩浆岩为海西期辉石角闪石。矿床赋存于太古宇迁西群拉马沟组角山斜长片麻岩及海西期辉石角闪石中，矿石岩性分别为磁铁石英岩及基性岩体，属沉积变质型铁矿和基性岩型超贫钒钛磁铁矿床。

该矿山建设的三维地质模型包括地表模型和矿体模型。通过这些模型，目前能够展示地表形态，呈现地表现状与赋存矿体实体的空间关系。

7 矿山三维模型

矿山全貌

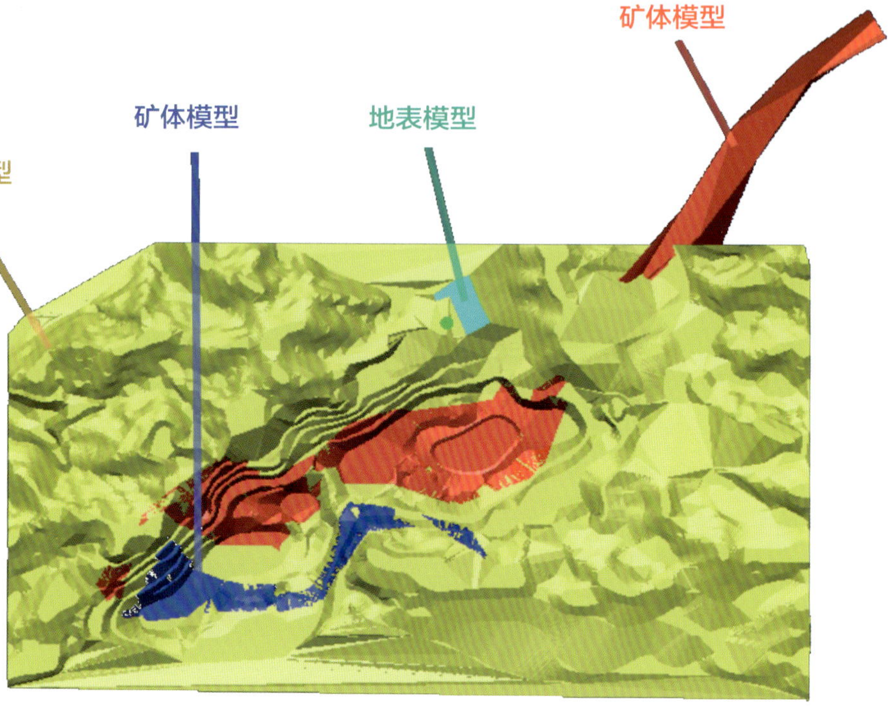

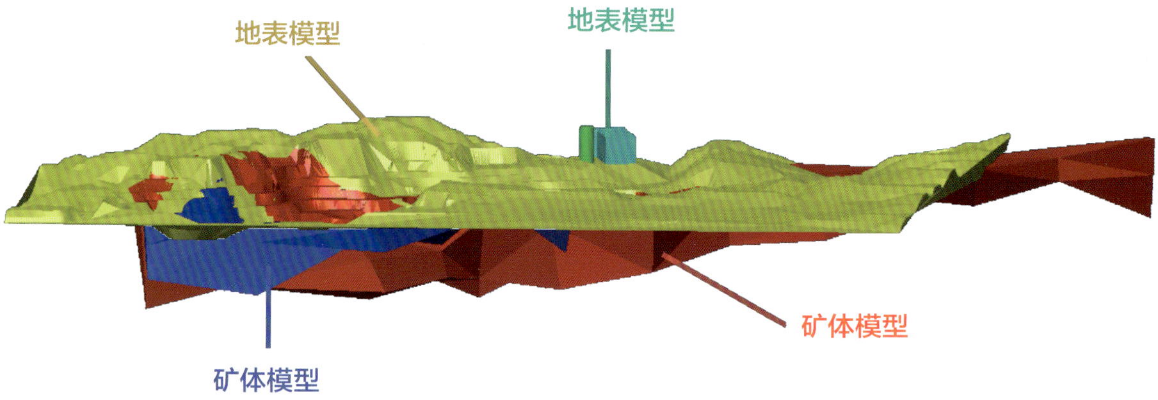

● 矿区综合模型

矿体三维模型

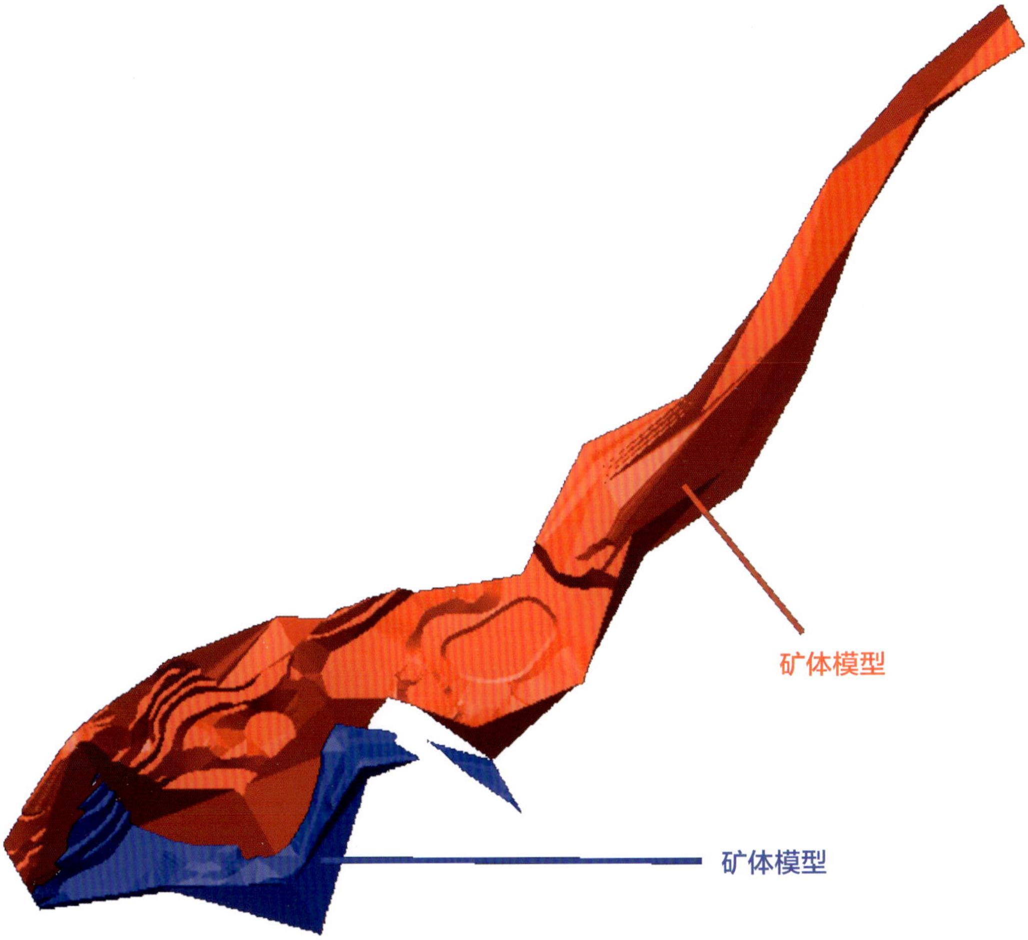

● 矿体模型

8 河北省邢台市沙河市接触交代型铁矿

该矿山广泛为第四系松散沉积物所覆盖，下伏基岩为以石炭系太原组和本溪组砂、页岩为主的含煤碎屑沉积地层，中奥陶统峰峰组灰岩及上马家沟组灰岩，下部与中生界似斑状闪长岩及闪长玢岩接触。矿体系由闪长岩类岩浆岩侵入于中奥陶统石灰岩中，经接触交代作用所形成，主要矿体赋存在岩浆岩与中奥陶统灰岩的接触带上及其附近，属接触交代型矿床。

该矿山建设的三维地质模型包括地表模型、钻孔模型、矿体模型、巷道模型、采空区模型和资源储量模型。通过这些模型，能够展示出矿权界线，呈现钻孔轨迹、巷道走向、地表现状与赋存矿体实体的空间关系，显示矿石品位，进行矿量、储量的估算，有利于预测矿石成分分布，对采空区回填进行综合评价，达到防治水的功效。

8 矿山三维模型

矿山全貌

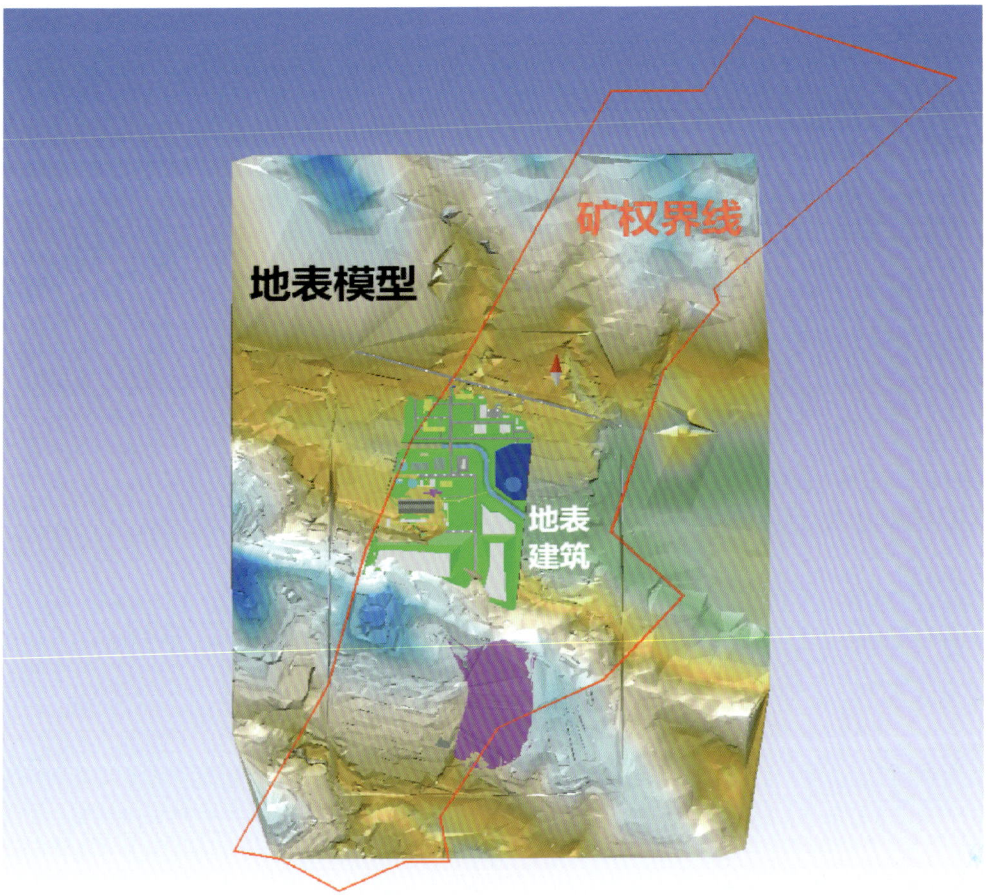

矿区综合模型

矿体三维模型

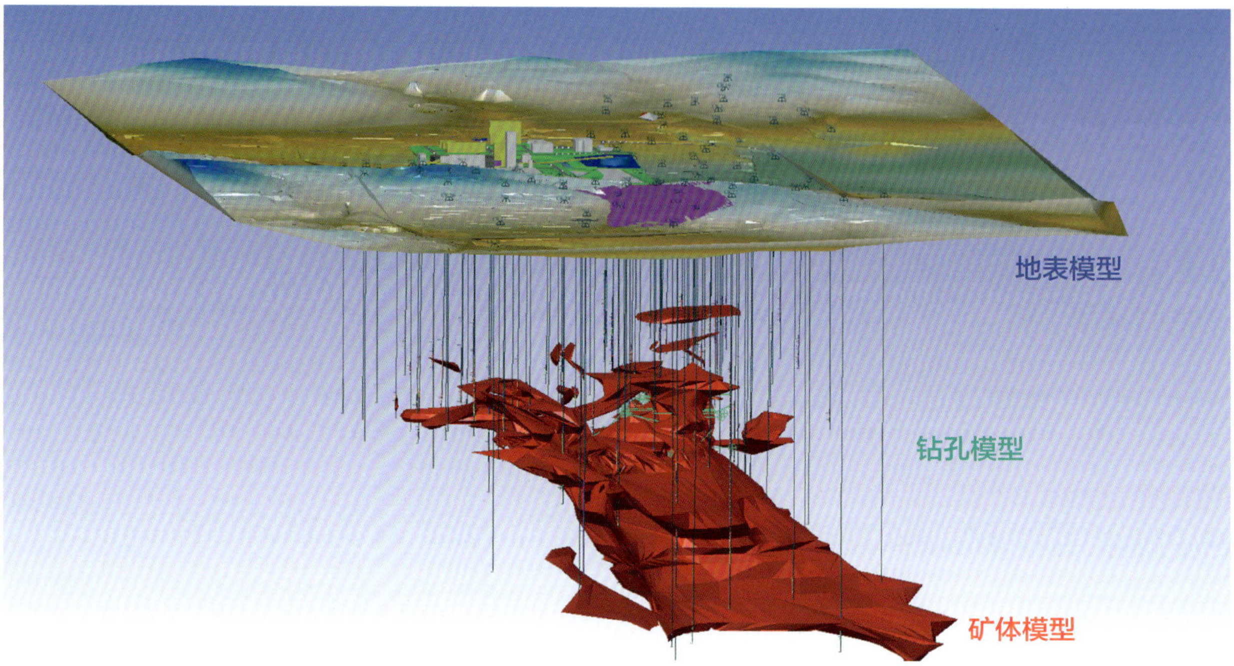

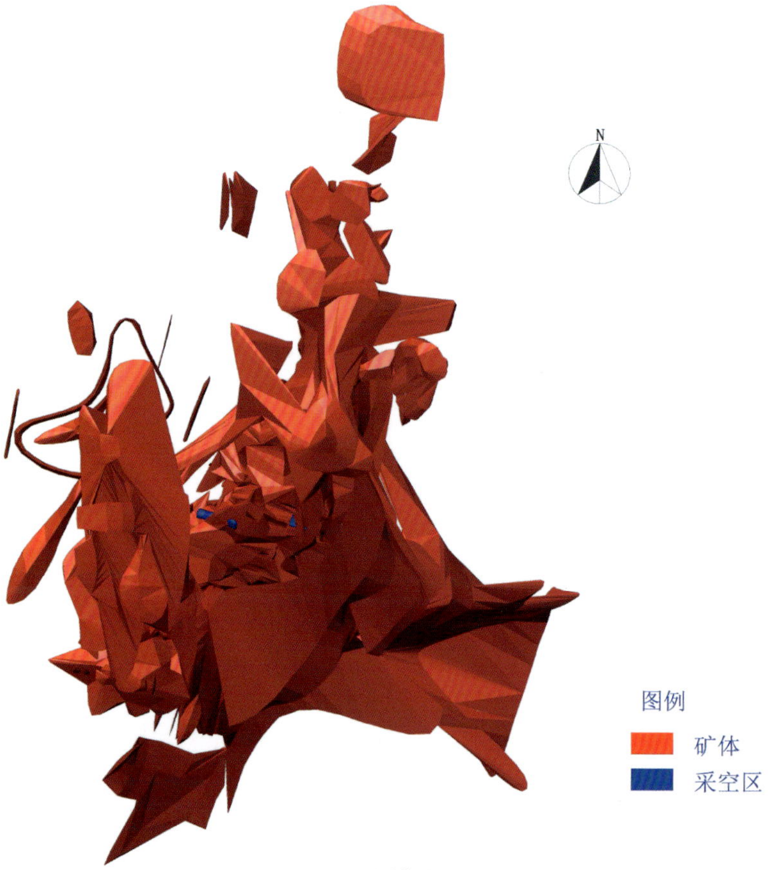

● 矿体模型

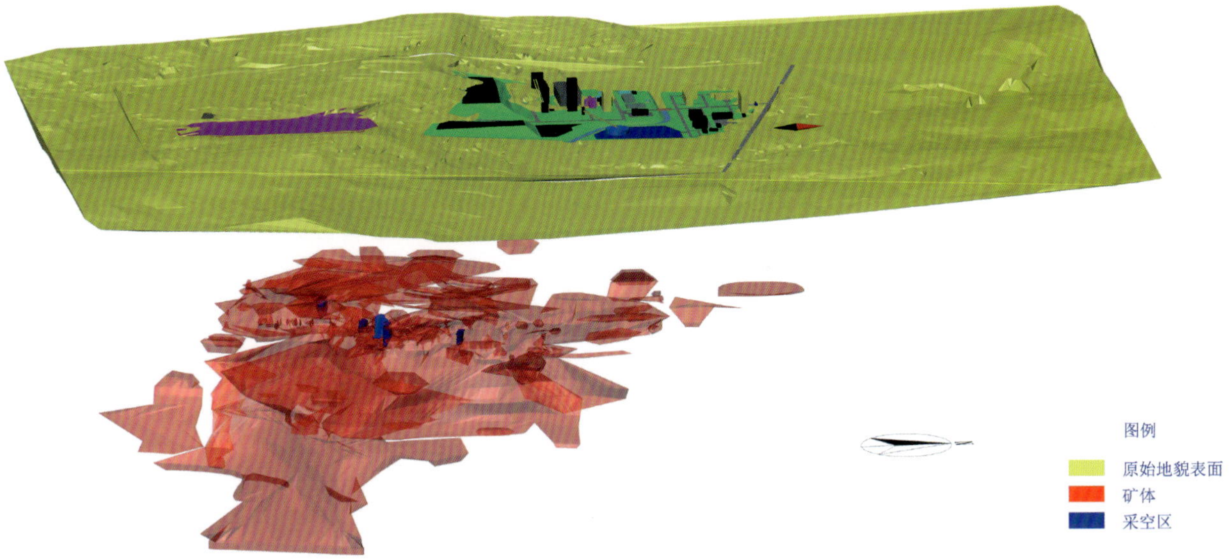

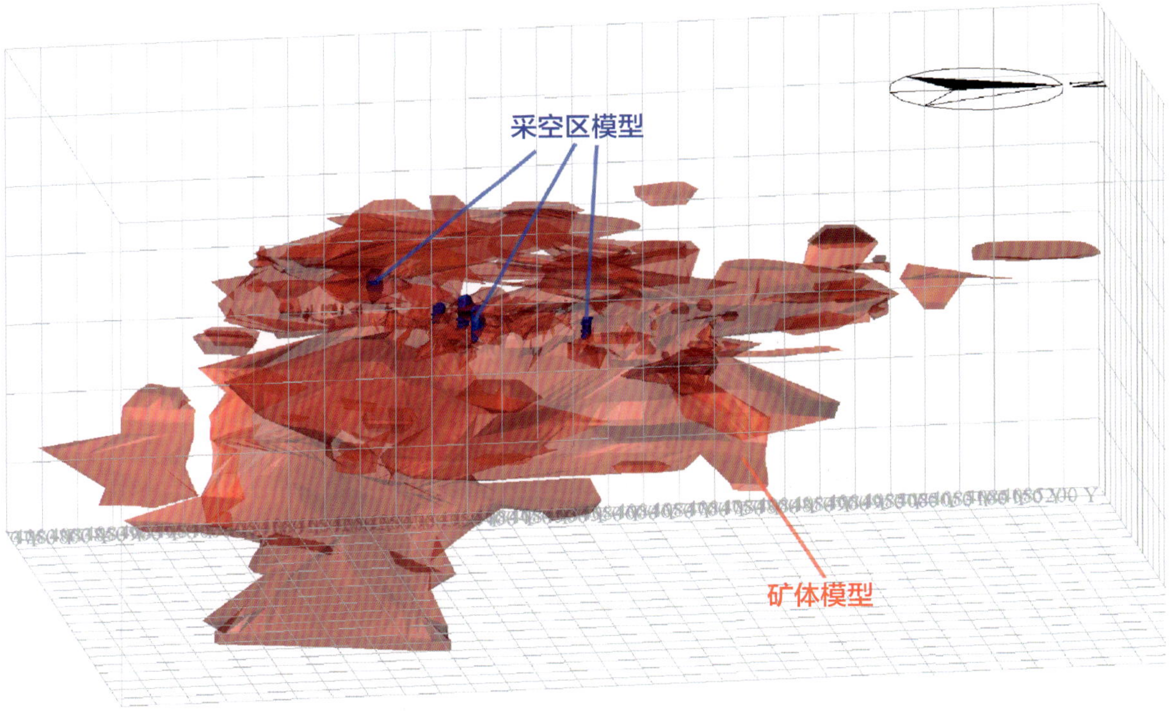

● 矿体模型

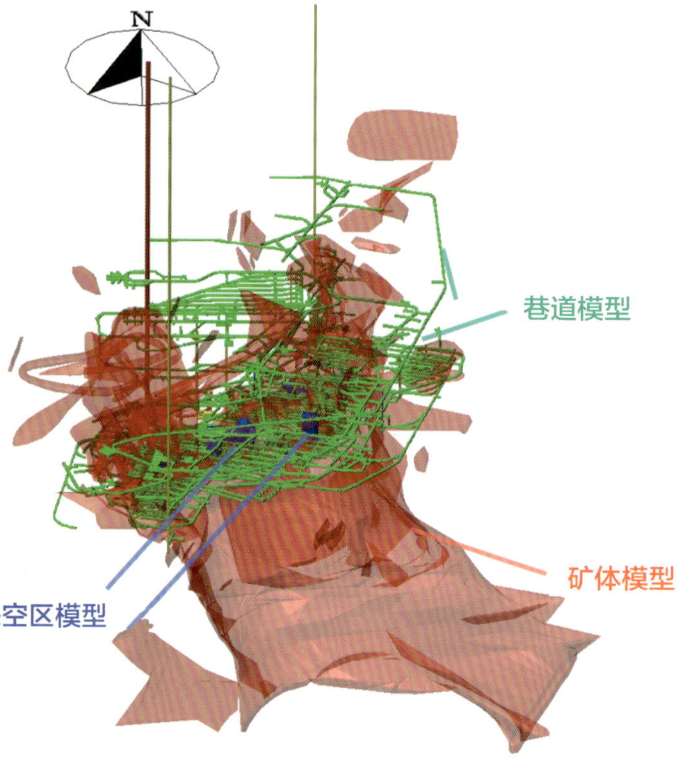

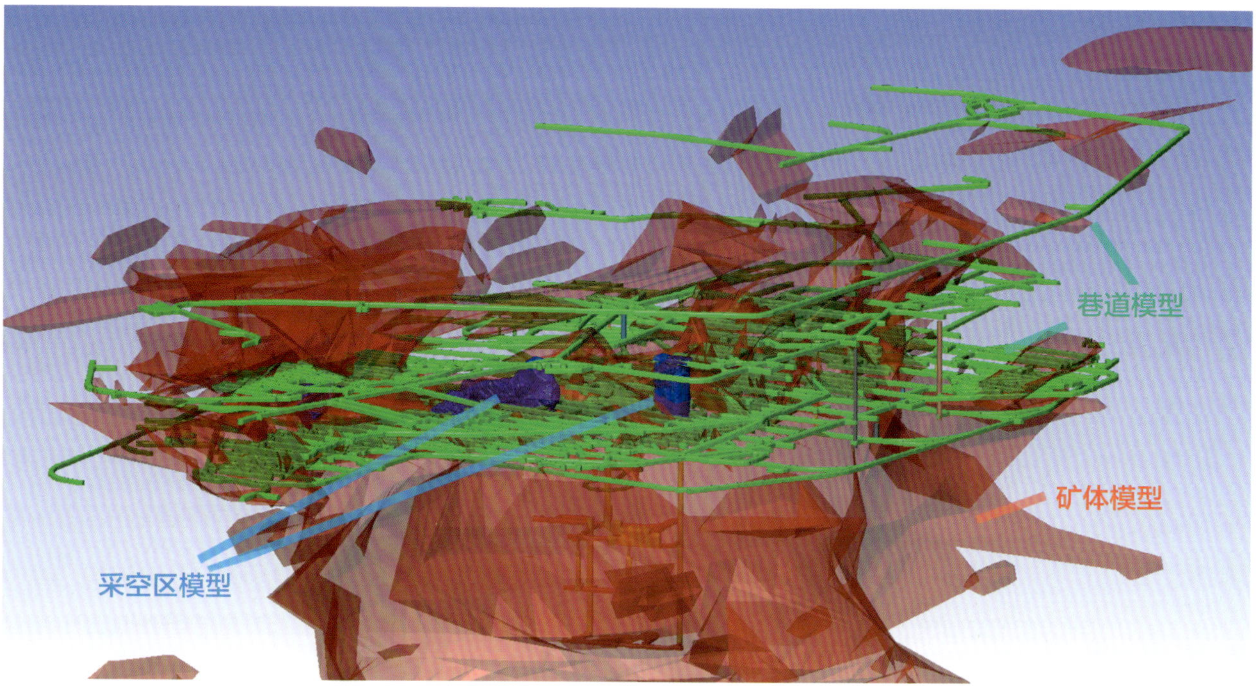

● 巷道模型

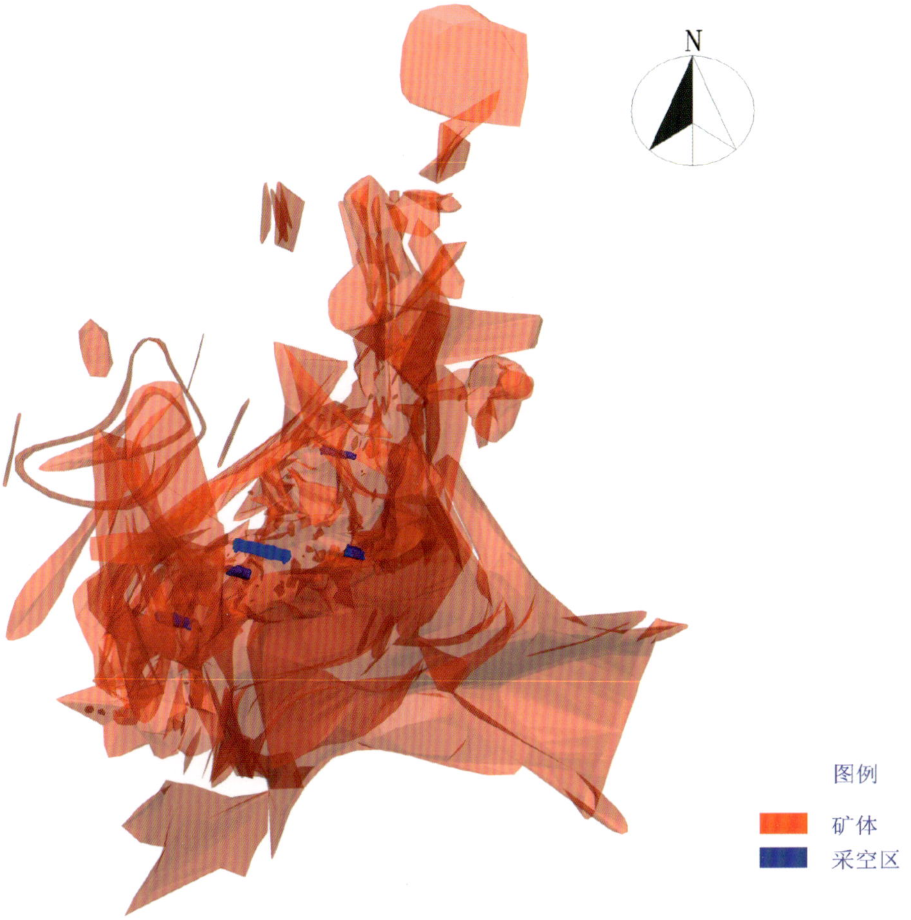

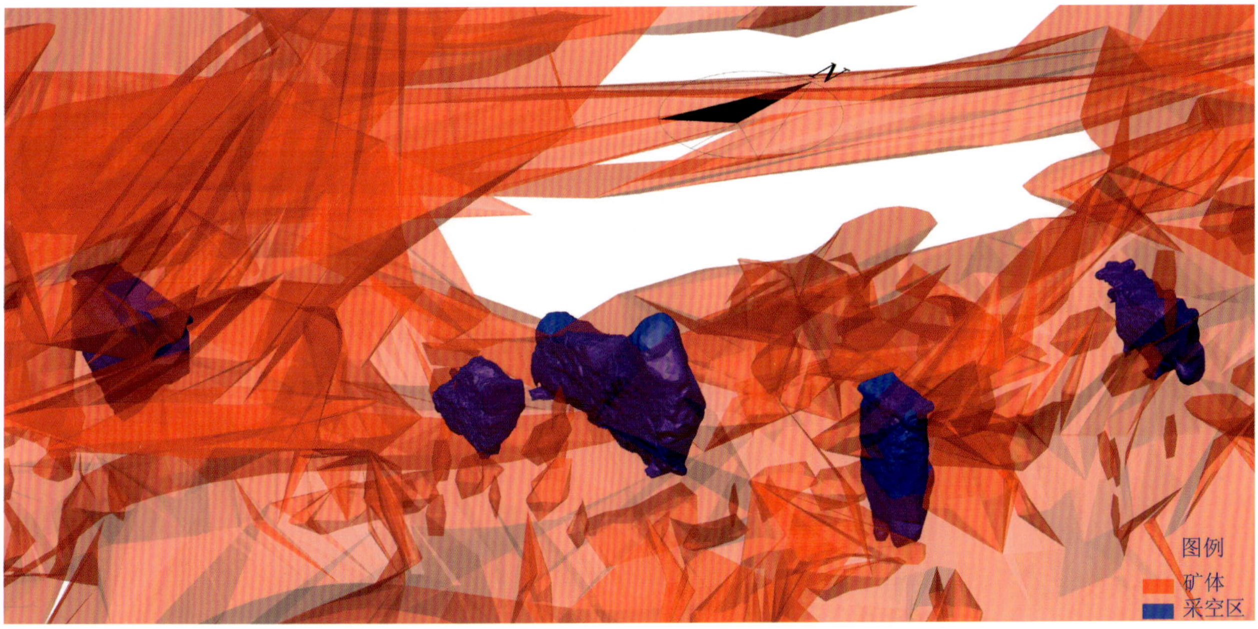

● 采空区模型

储量三维模型

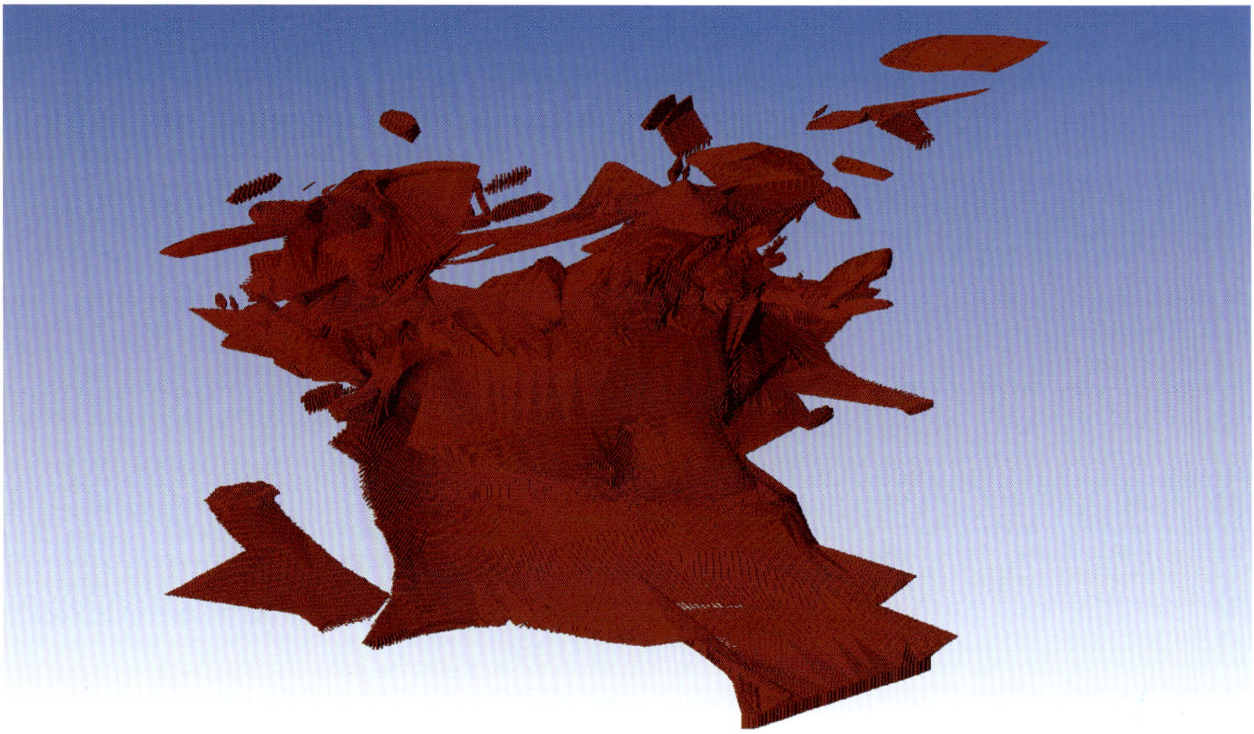

● 资源储量模型（块体模型）

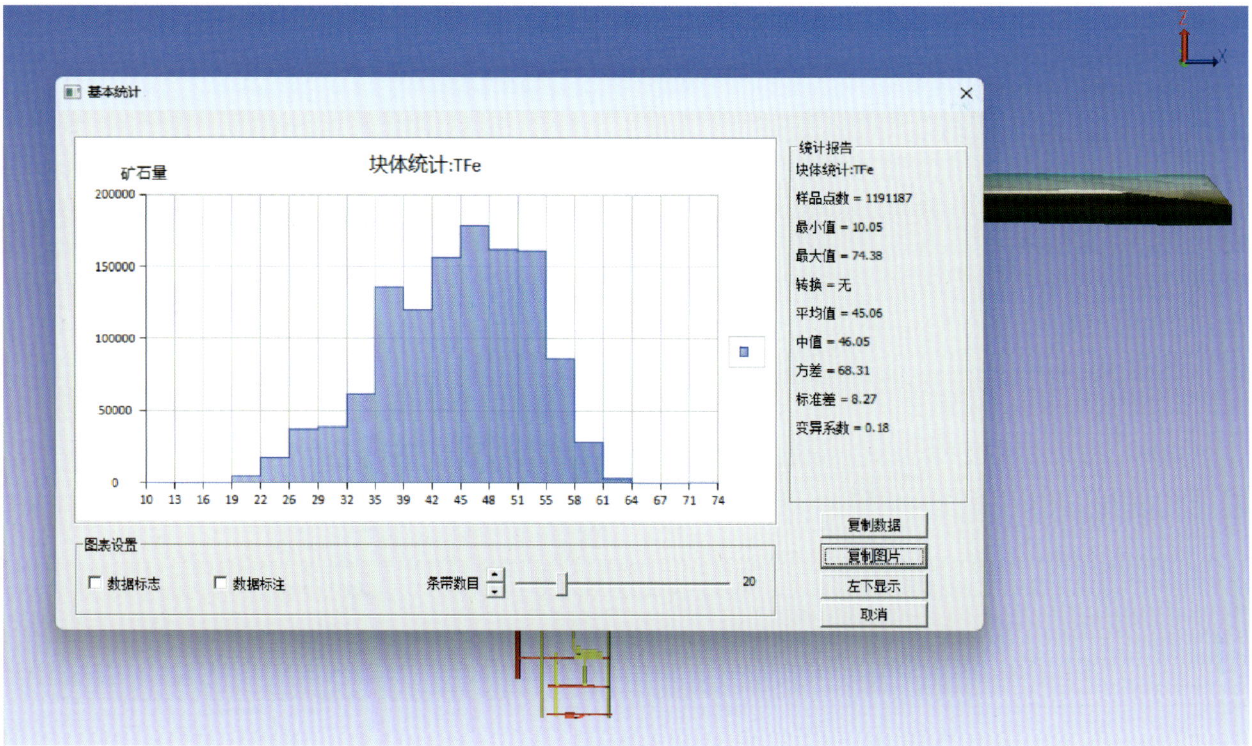

● 品位分布统计

金矿

河北省三维矿山建设案例集

1 河北省承德市宽城县侵入体内及接触带型金矿

该矿山第四系覆盖较广，出露地层为长城系高于庄组燧石条带灰质白云岩、含锰灰质白云岩和大红峪组石英岩状砂岩、含砂质白云岩，岩浆岩为侵入于高于庄组碳酸盐岩地层中的花岗岩岩株。矿体主要分布在花岗岩体及其接触带中，矿化类型主要有含金黄铁矿石英脉型和含金黄铁矿石英细脉浸染型，矿床类型为侵入体内及接触带型金矿，属侵入体内及接触带型金矿。

该矿山建设的三维地质模型包括地表模型、钻孔模型、矿体模型和巷道模型。通过这些模型，能够展示出矿界范围，呈现钻孔轨迹、巷道走向、地表现状与赋存矿体实体的空间关系，以及矿体与围岩的空间关系，对综合研究矿脉岩体分布和进一步找矿具有指导作用。

1 矿山三维模型

矿山全貌

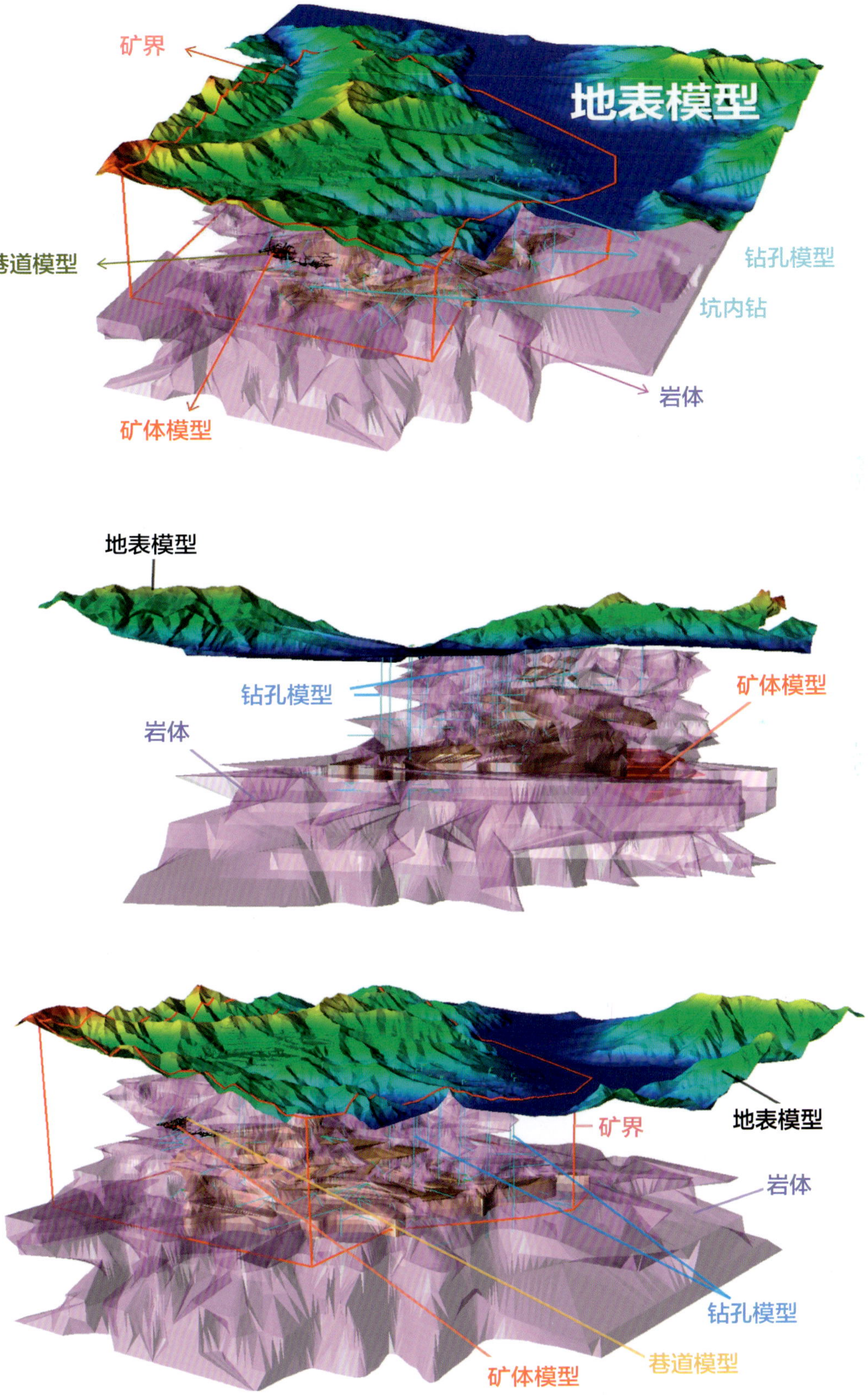
矿界
地表模型
巷道模型
钻孔模型
坑内钻
岩体
矿体模型
地表模型
钻孔模型
矿体模型
岩体
矿界
地表模型
岩体
钻孔模型
巷道模型
矿体模型

● 矿区综合模型

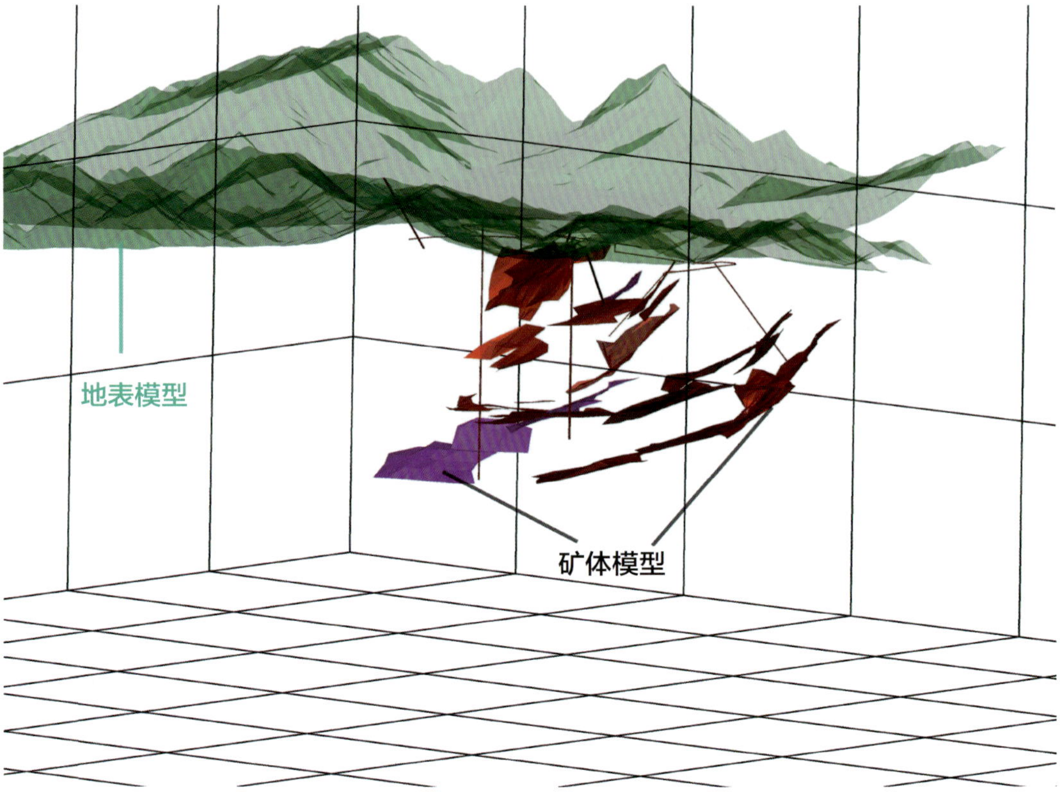

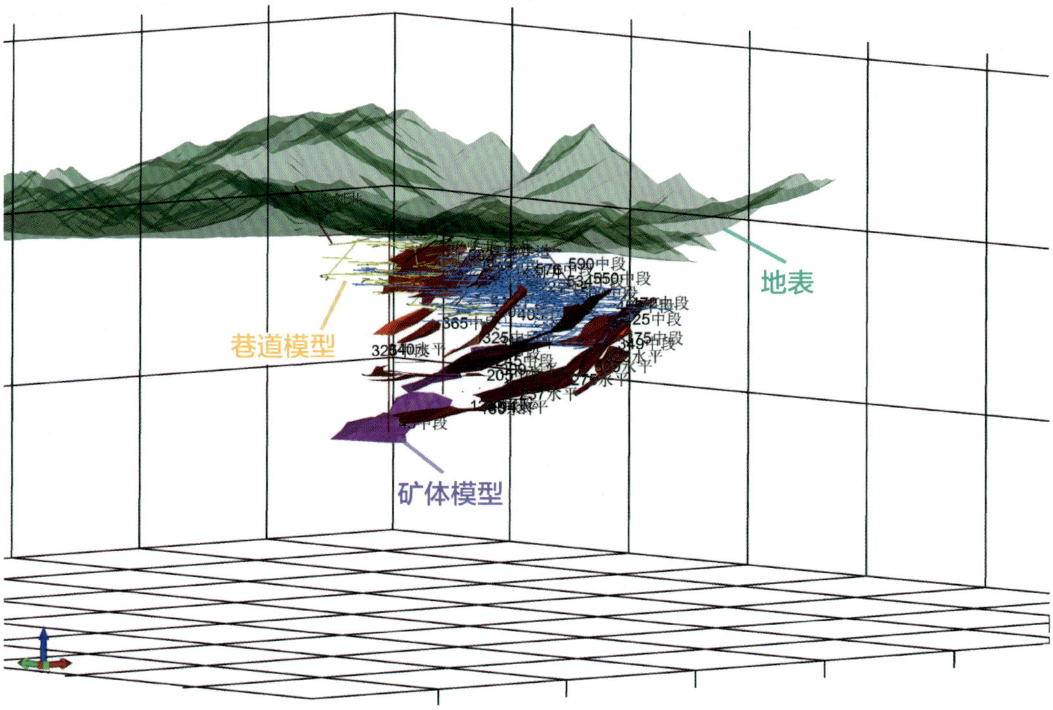

●矿体模型（岩体剖面图）

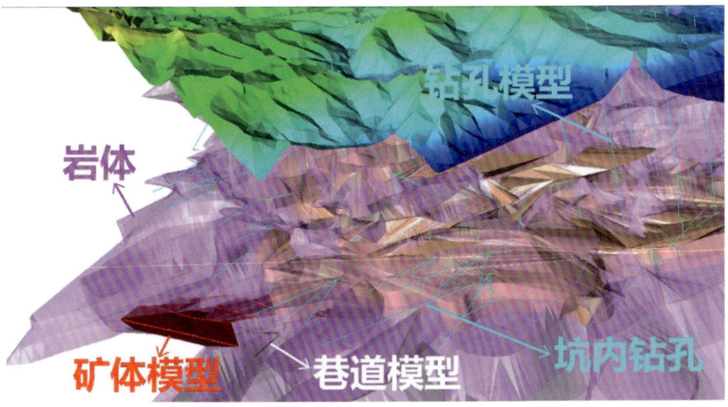

● 矿体模型（Au188-1）

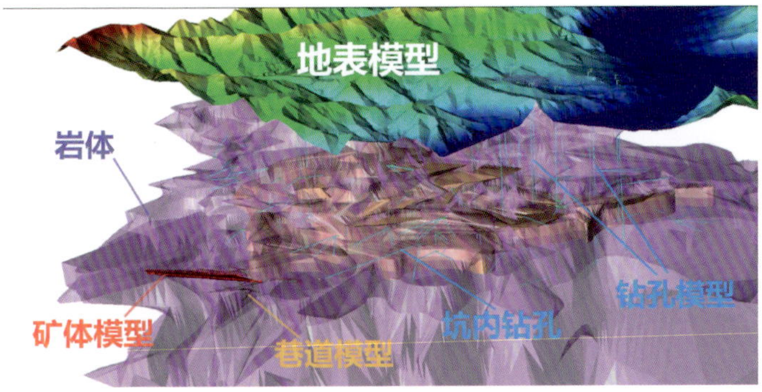

● 矿体模型（Au188-2）

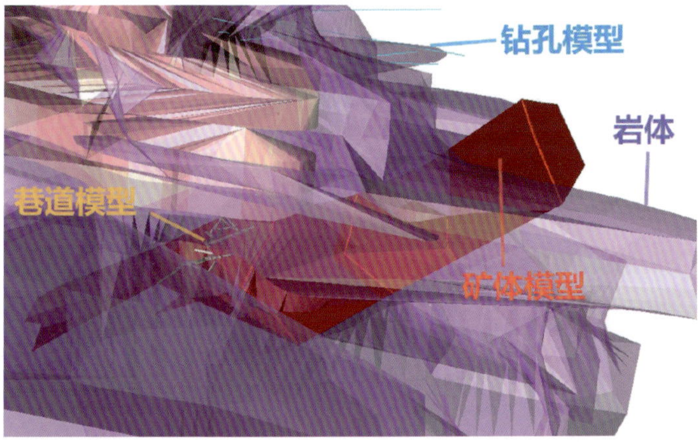

● 矿体模型（Au188-3）

● 矿体模型（盲 5-4-2）

2 河北省承德市宽城县中低温细脉浸染型金矿

该矿山出露地层主要为中元古界长城系团山子组、大洪峪组、高于庄组以及中生界侏罗系髫髫山组；岩浆岩主要发育火山－次火山岩相燕山期中酸性花岗斑岩、石英二长斑岩岩体。矿体主要赋存在燕山期酸性次火山岩体与长城系高于庄组及大洪峪组的内、外接触带中，属于中低温细脉浸染型矿床。

该矿山建设的三维地质模型包括地表模型、钻孔模型、矿体模型和资源储量模型。通过这些模型，呈现全部矿体的剩余和消耗工业矿体的赋存状态，有利于进行资源并购和探矿方面的工作，可以实现精准爆破，大幅度提高工作效率。

2 矿山三维模型

矿山全貌

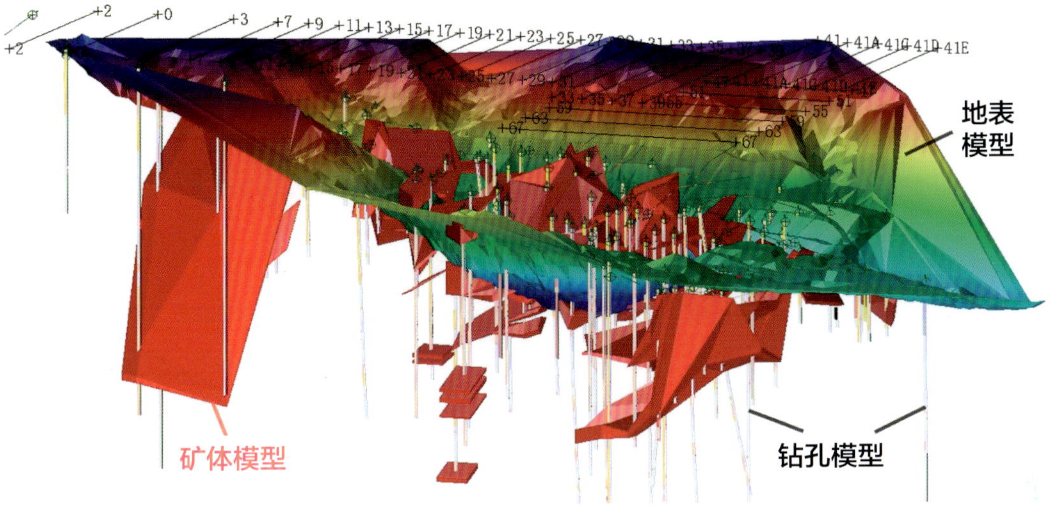

● 矿区综合模型

矿体三维模型

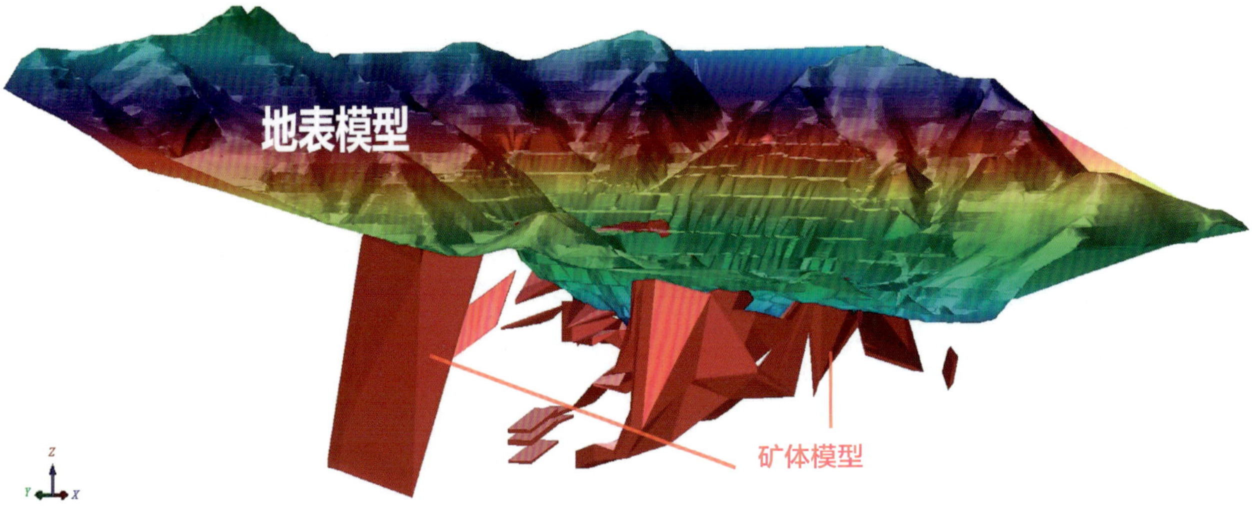

● 矿体模型

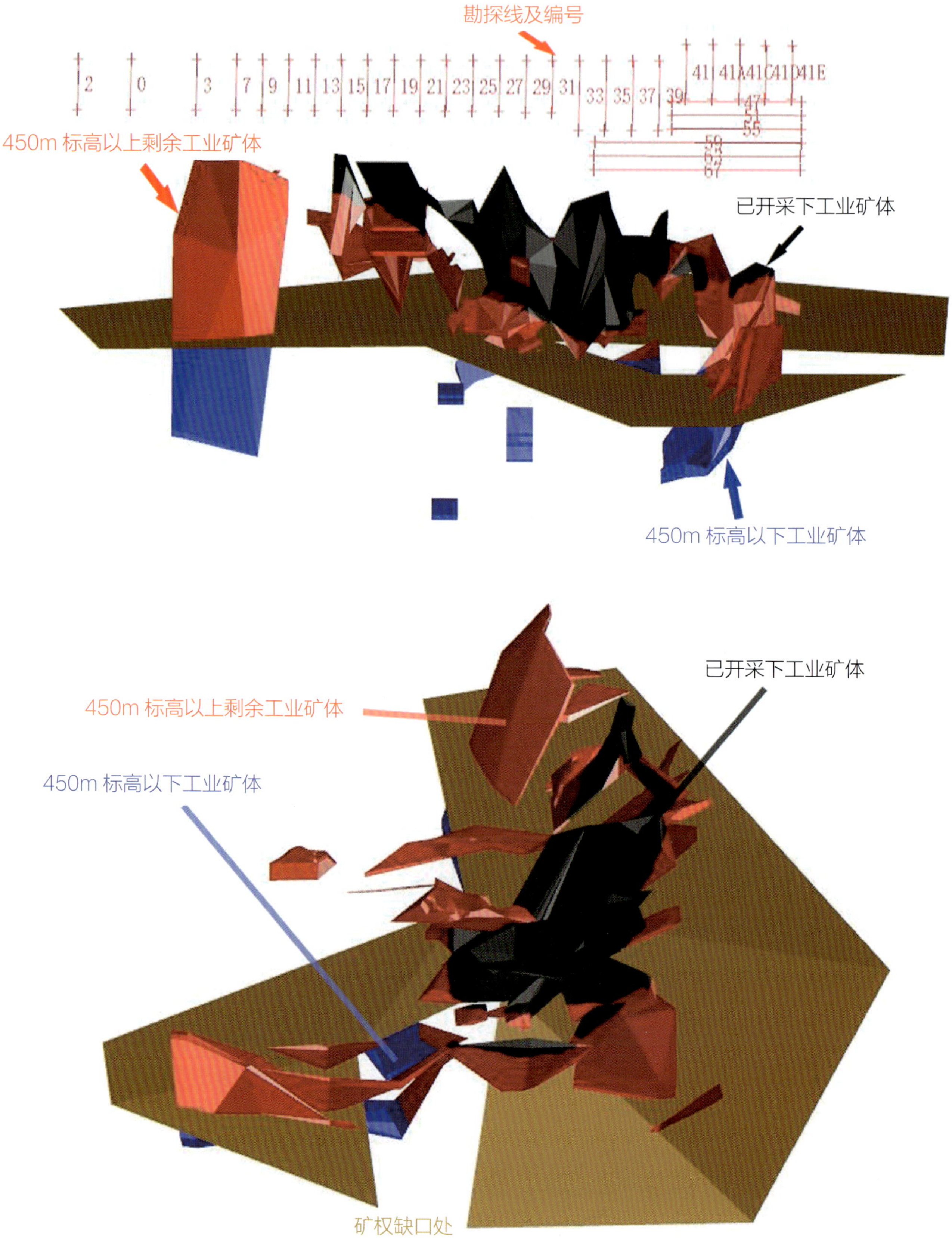

● 矿体模型（剩余和消耗工业矿体）

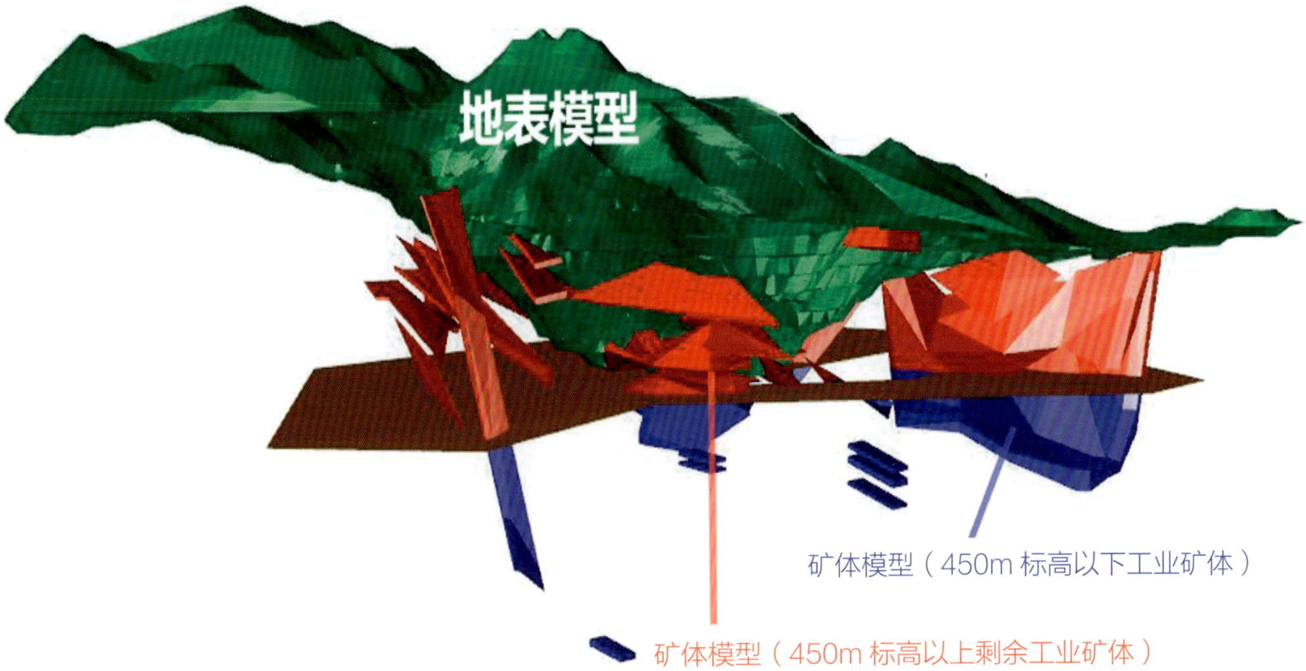

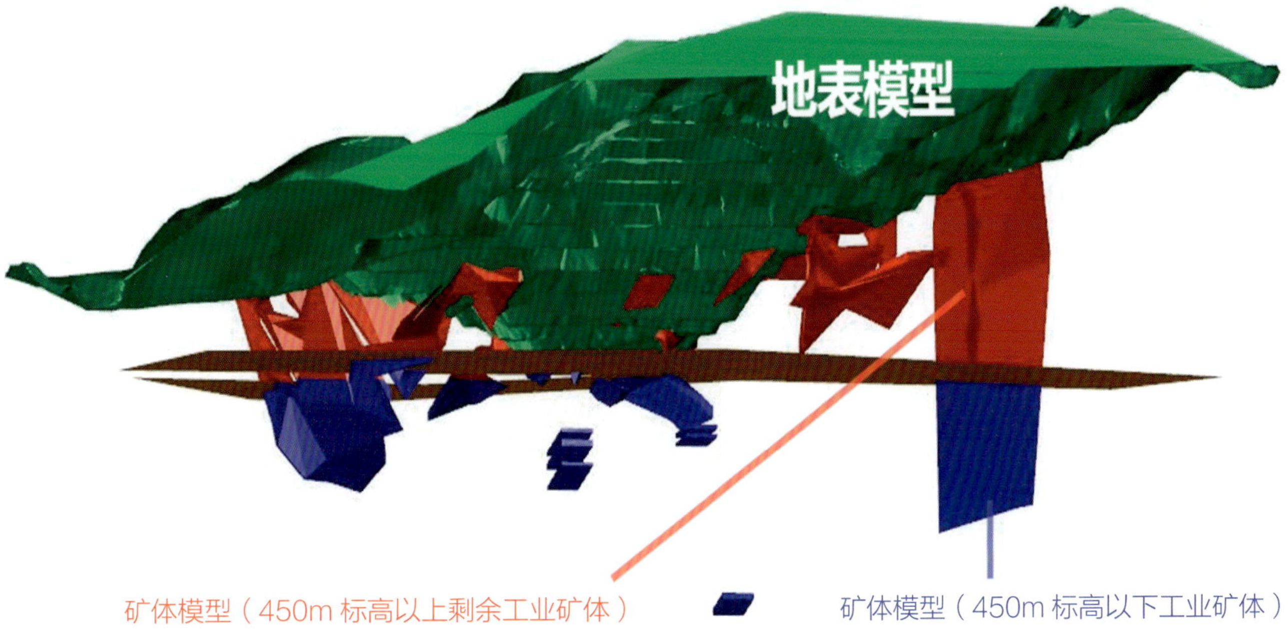

矿体模型（分工业矿体带境界圈）

3 河北省承德市宽城县石英脉型金矿

该矿山出露地层主要为太古宇迁西群三屯营组角闪斜长片麻岩和中元古界长城系大洪峪组含燧石条带白云岩、高于庄组砂岩；岩浆岩主要为印支晚期—燕山早中期的复式花岗岩体及大量脉岩。矿体主要赋存在燕山期酸性次火山岩体与长城系高于庄组及大洪峪组的内、外接触带中，属于中低温细脉浸染型矿床。

该矿山建设的三维地质模型包括地表模型、矿体模型和巷道模型。通过这些模型，能够展示出矿界范围，呈现巷道走向、地表现状与赋存矿体实体的空间关系。建模使视觉上更加直观，对矿山的整体概念更加清晰，有利于指导生产。

3 矿山三维模型

矿山全貌

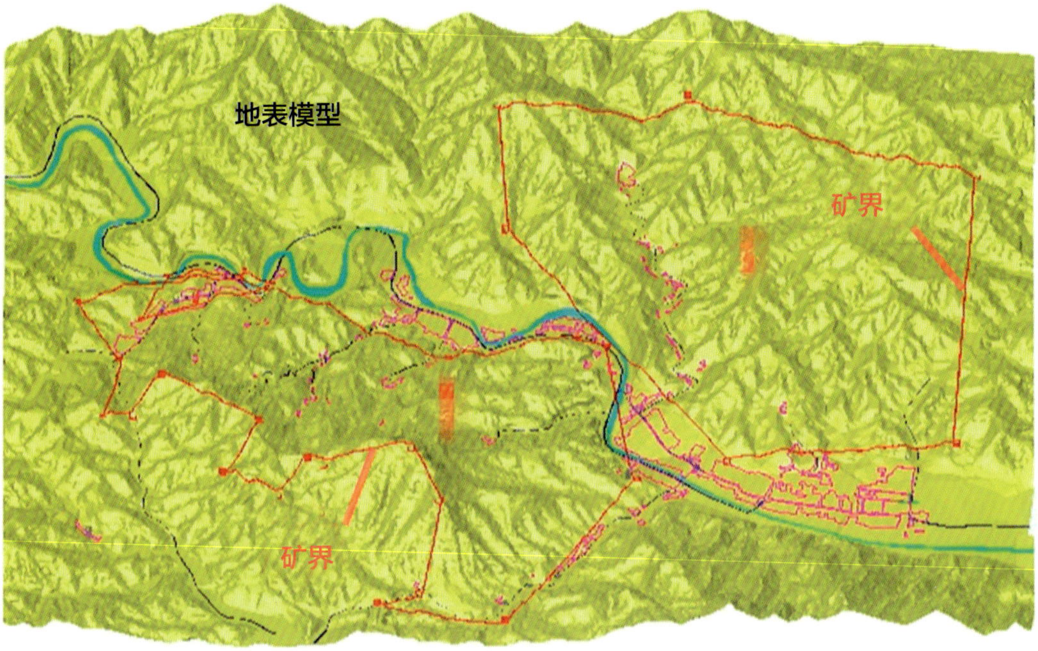

● 矿区综合模型

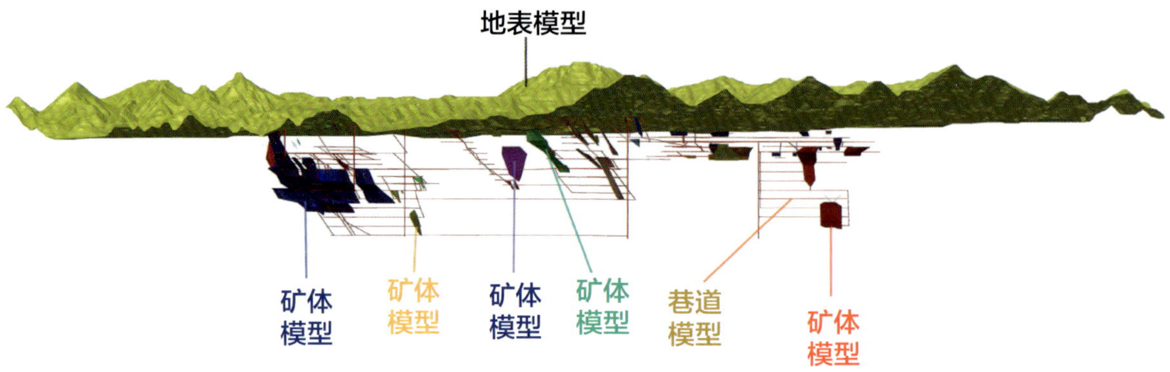
地表模型
矿体模型
矿体模型
矿体模型
矿体模型
巷道模型
矿体模型

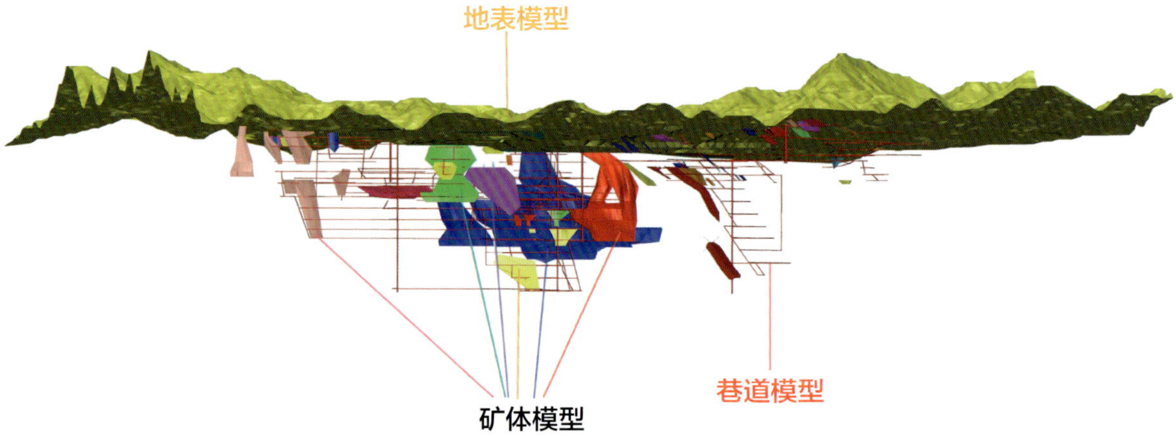
地表模型
矿体模型
巷道模型

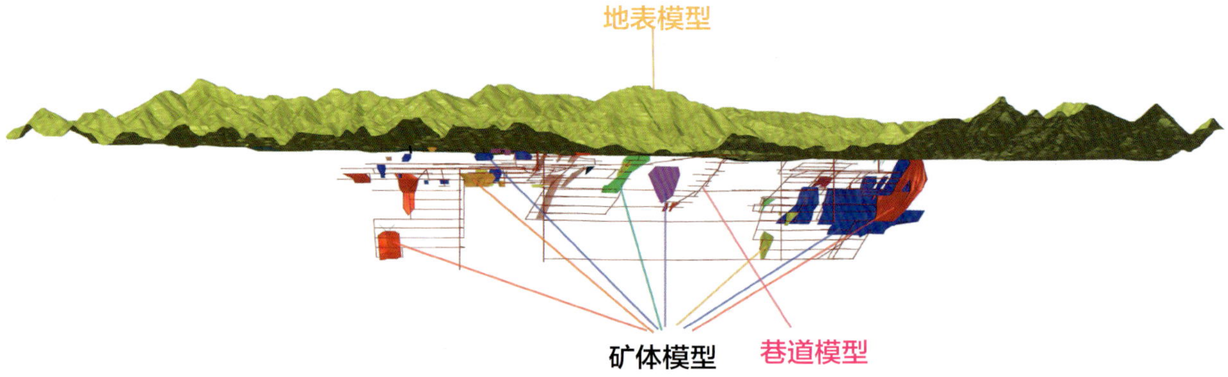
地表模型
矿体模型
巷道模型

● 矿区综合模型

矿体三维模型

● 矿体模型（保有矿体）

巷道三维模型

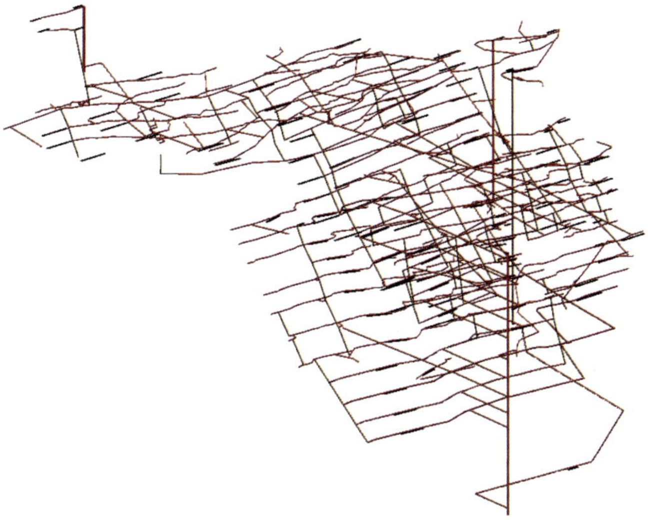

● 巷道模型

4 河北省承德市丰宁县中低温岩浆热液裂隙充填交代破碎带碎裂岩型金矿

该矿山主要出露地层有中生界侏罗系白旗组流纹质粗面凝灰岩、砂岩和白垩系张家口组流纹质凝灰岩，岩浆岩有古元古代斑状二长花岗岩、白垩纪花岗岩及石英正长斑岩、中晚侏罗世次粗安岩。矿床产在斑状花岗岩中，矿体主要由黄铁绢英岩化花岗质碎裂岩组成，属中低温岩浆热液裂隙充填交代破碎带碎裂岩型金矿。

该矿山建设的三维地质模型包括地表模型、矿体模型和巷道模型。通过这些模型，能够展示出矿界范围，呈现巷道走向、地表现状与赋存矿体实体的空间关系，有利于辅助推断深部矿体及矿体的赋存情况，便于设计深部中段的探矿工程，更加直观地总结矿体的成矿规律。

4 矿山三维模型

矿山全貌

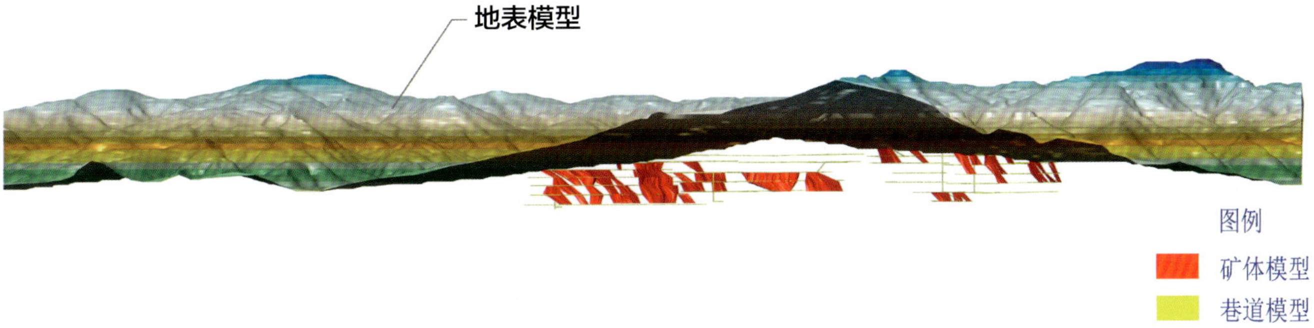

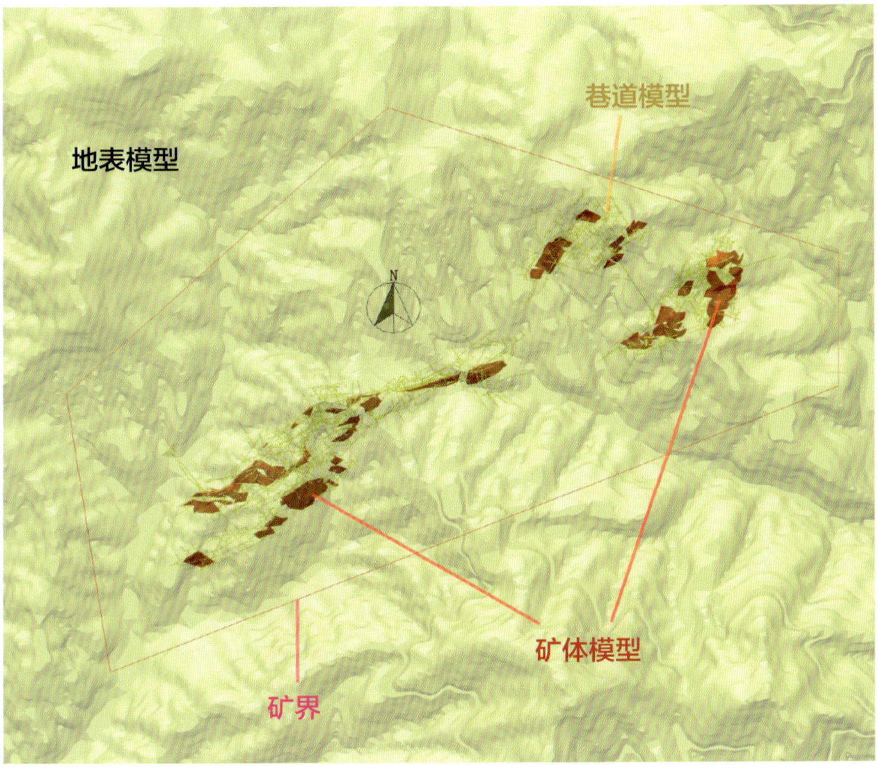

● 矿区综合模型

矿体巷道三维模型

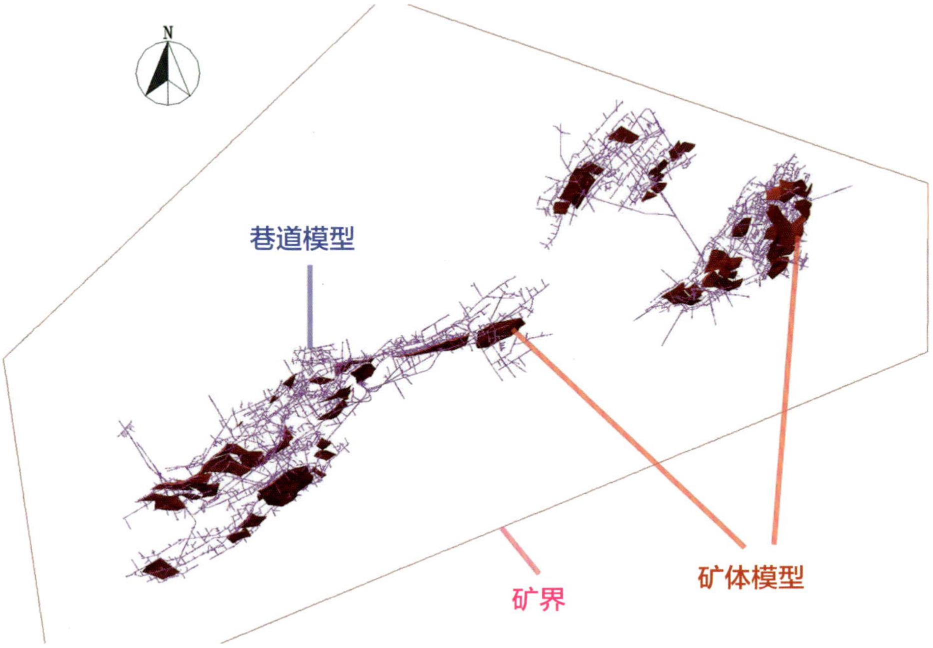

● 矿体模型

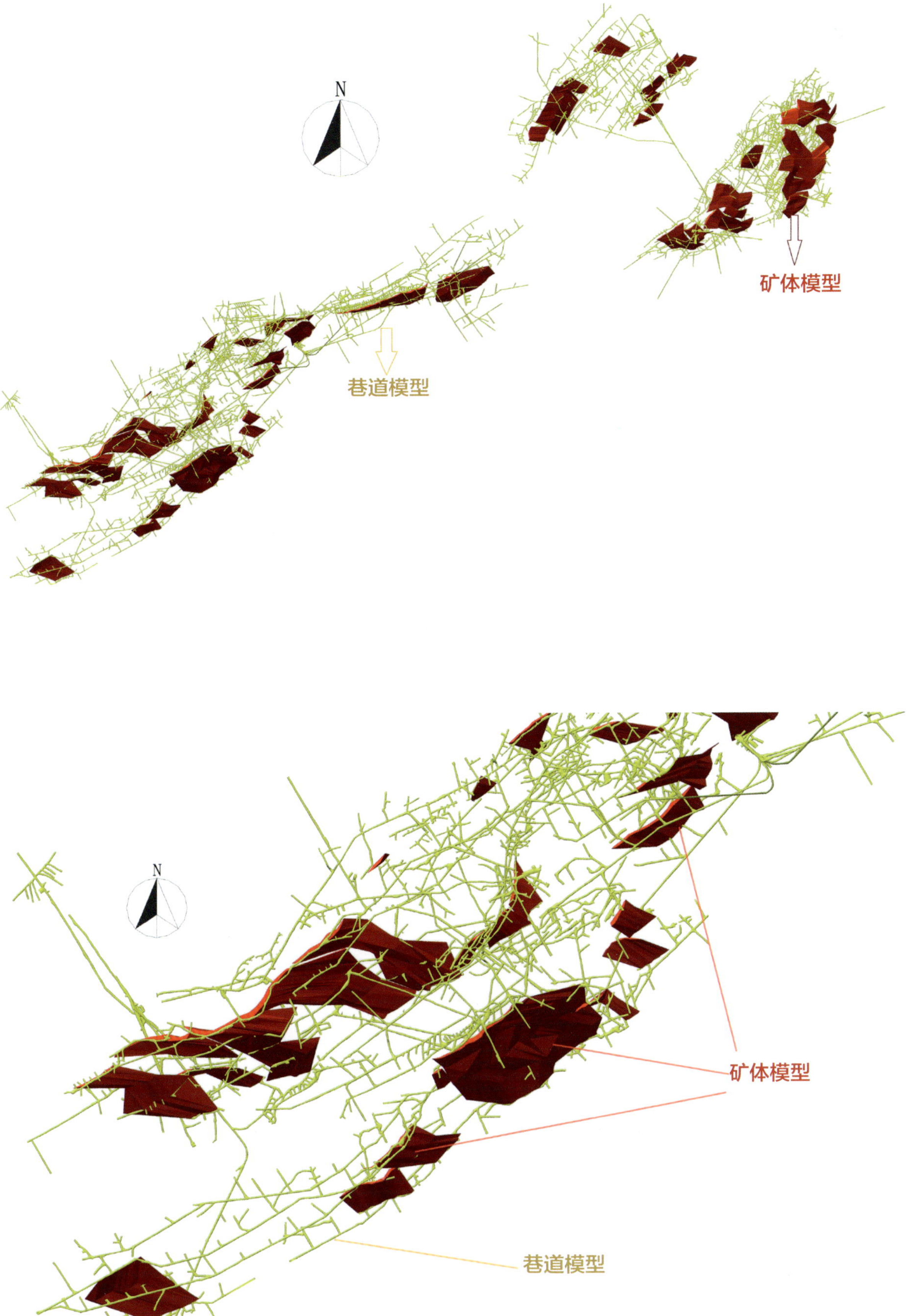

● 巷道模型

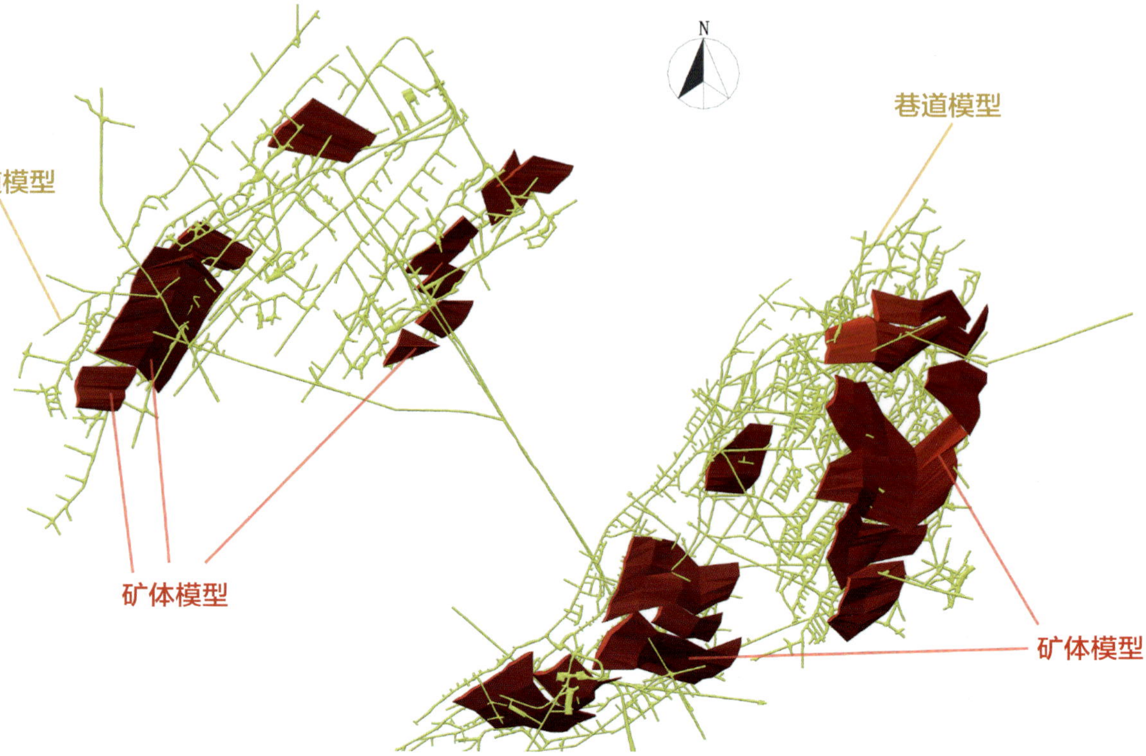

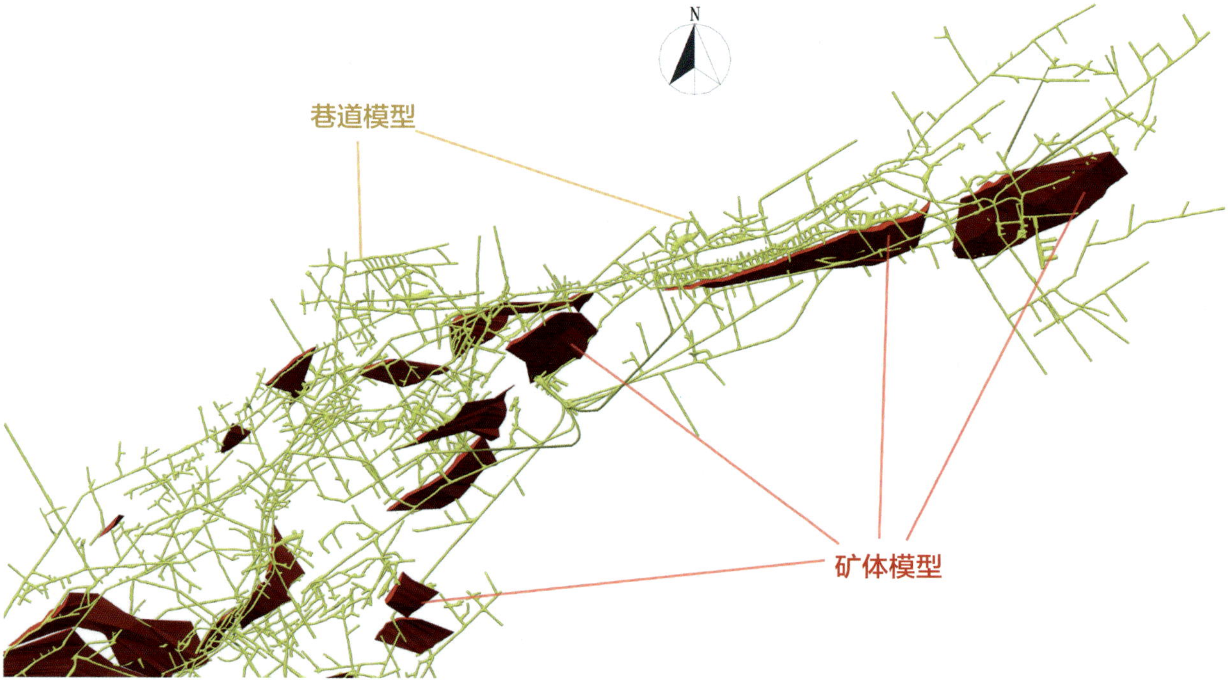

● 巷道模型

煤矿

河 北 省 三 维 矿 山 建 设 案 例 集

1 河北省邯郸市磁县

该矿山多为第四系沉积物覆盖，仅有上石盒子组四段及石千峰组基岩零星出露。钻孔揭露地层包括中奥陶统峰峰组；中石炭统本溪组、上石炭统太原组；下二叠统山西组、下石盒子组，上二叠统上石盒子组、石千峰组及下三叠统刘家沟组、和尚沟组。含煤地层为石炭系太原组及二叠系山西组，煤岩组分多由亮煤组成。

该矿山建设的三维地质模型包括地表模型、钻孔模型、矿体（煤层）模型、巷道模型和资源储量模型。通过这些模型，能够实现煤矿钻孔、地层、煤层、构造等基础数据的可视化展示、分析，呈现地表现状与赋存矿体实体的空间关系，显示煤层中断裂带三维空间位置分布，还可以根据不同区域统计储量，利用模型计算出的数据直接导出储量年报数据，有利于提高工作质量和效率，节约用人成本，预测断层在深部的发展情况，对钻孔工作的推算有一定的指导和帮助。

1 矿山三维模型

矿山全貌

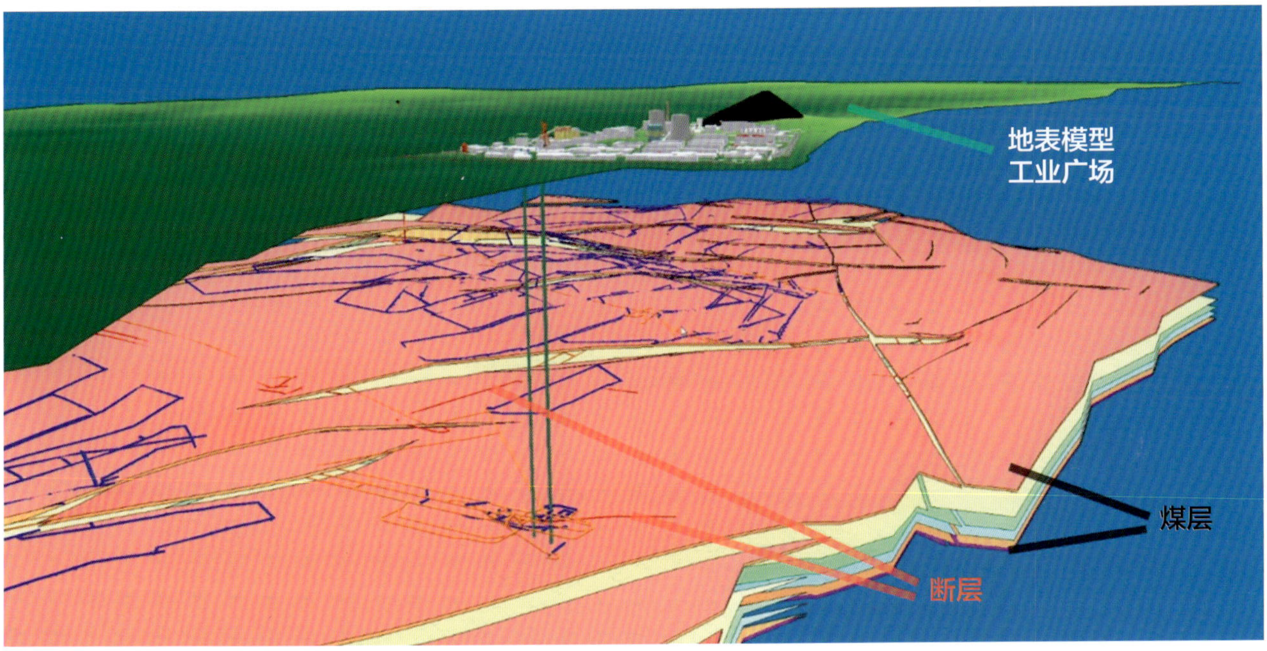

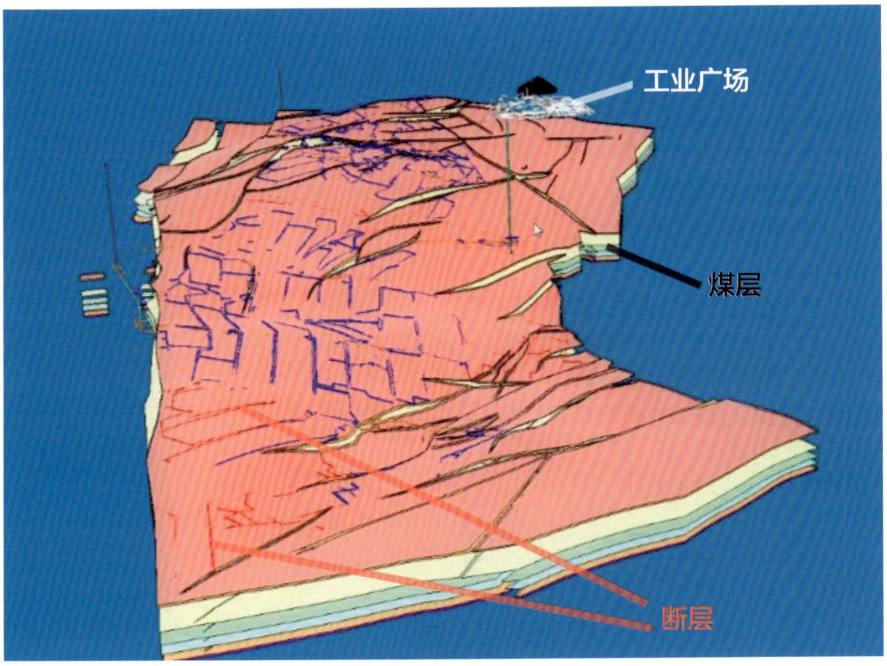

● 矿区综合模型

煤层三维模型

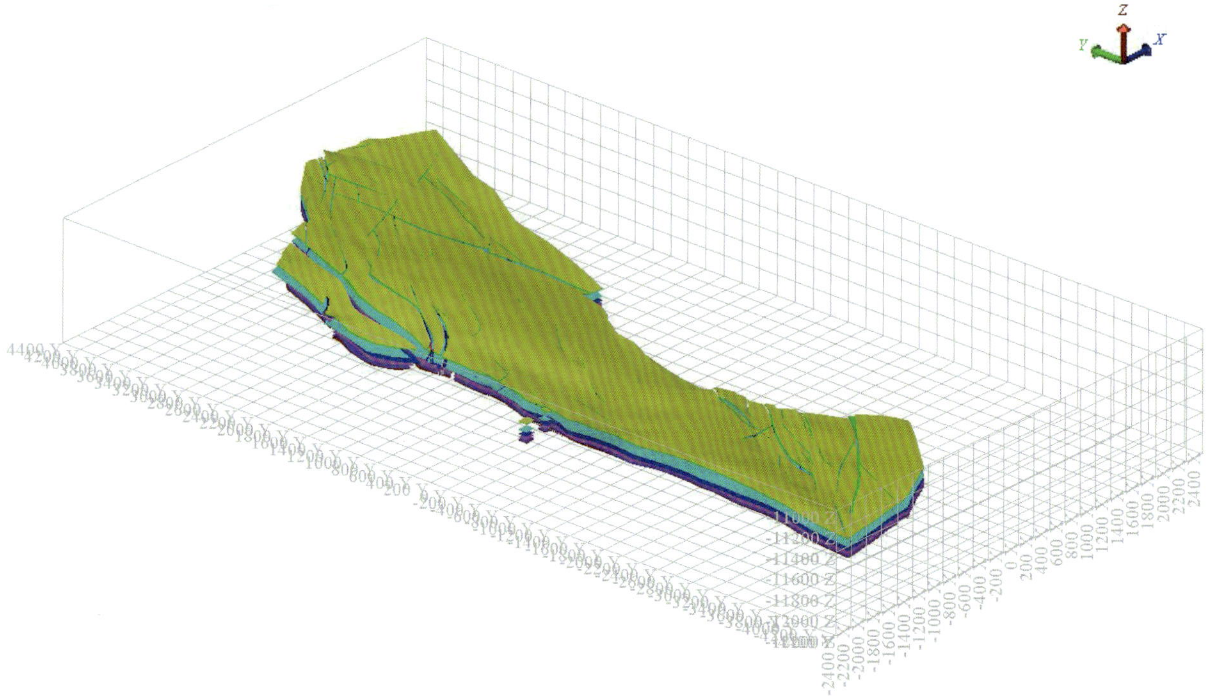

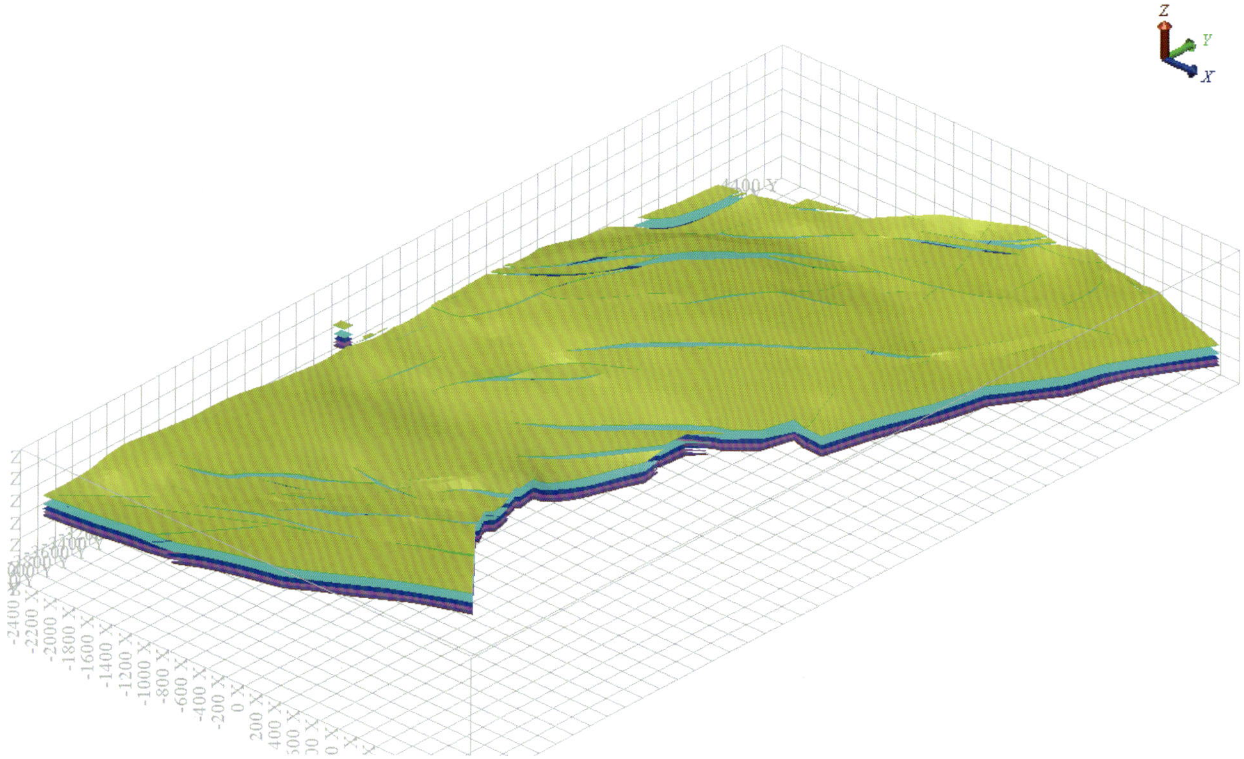

● 煤层三维模型（综合展示）

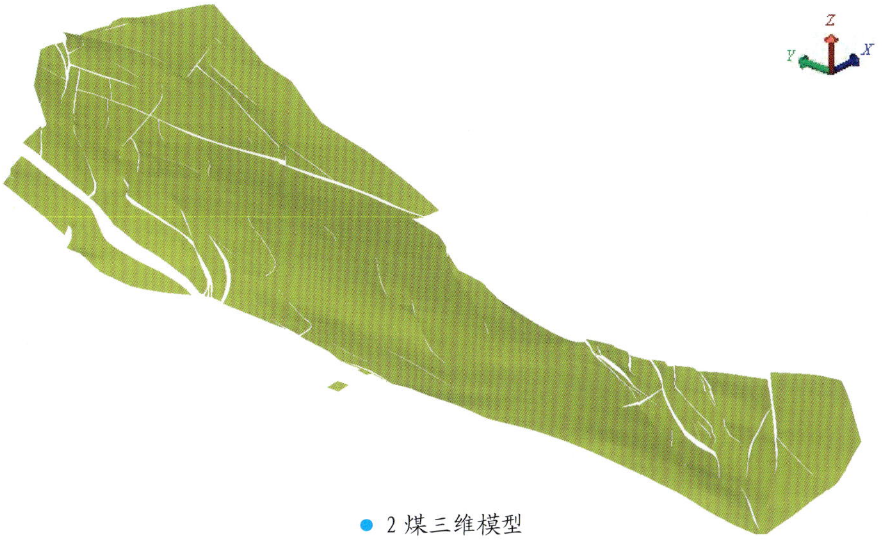

● 2 煤三维模型

● 6 煤三维模型

● 9 煤三维模型

储量三维模型

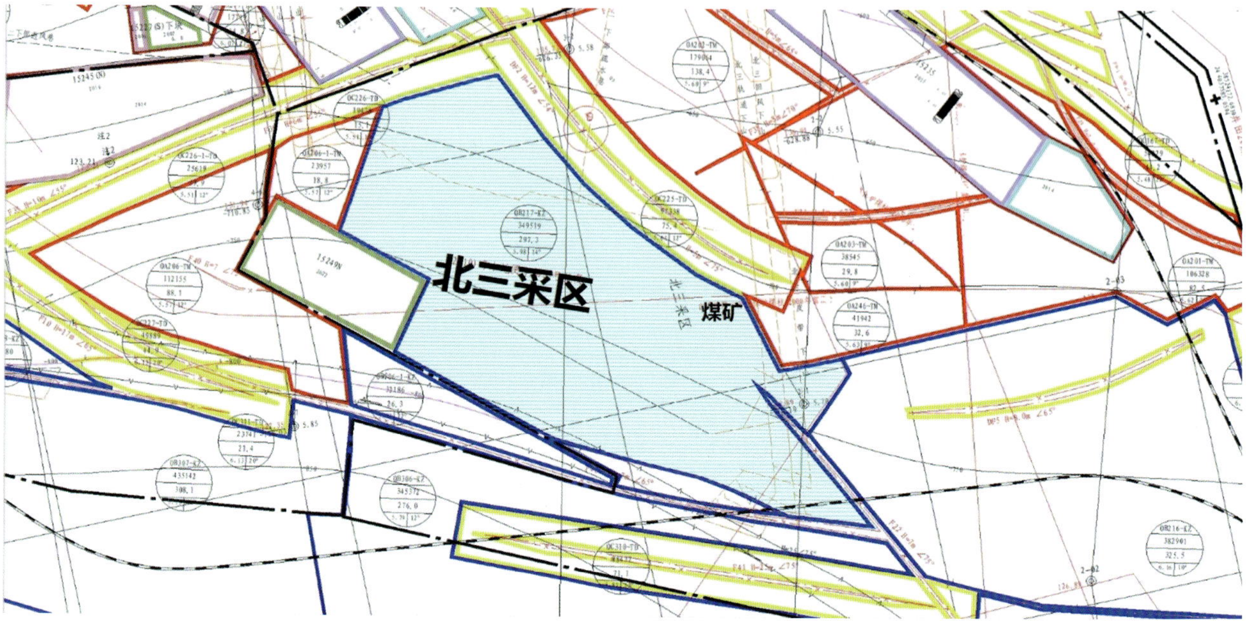

资源储量模型

2 河北省邢台市内丘县

该矿山井田内绝大部分被第四系掩盖，下伏地层由新到老包括三叠系流泉组、尚沟组和刘家沟组，二叠系石千峰组和上石盒子组、下石盒子组及山西组，石炭系太原组和本溪组，奥陶系峰峰组、磁县组、马家沟组，太古宇赞皇群，区内无岩浆岩侵入。含煤地层为石炭系—二叠系山西组、石炭系太原组和本溪组。煤层煤岩组分以亮煤为主。

该矿山建设的三维地质模型包括地表模型、钻孔模型、矿体（煤层）模型、巷道模型、采空区模型和资源储量模型。通过这些模型，能够展示钻孔轨迹、巷道走向、地表现状与赋存矿体实体的空间关系，显示开采系统的具体分布，可以实现利用块体模型统计矿体储量，有利于指导矿井生产。

矿山全貌

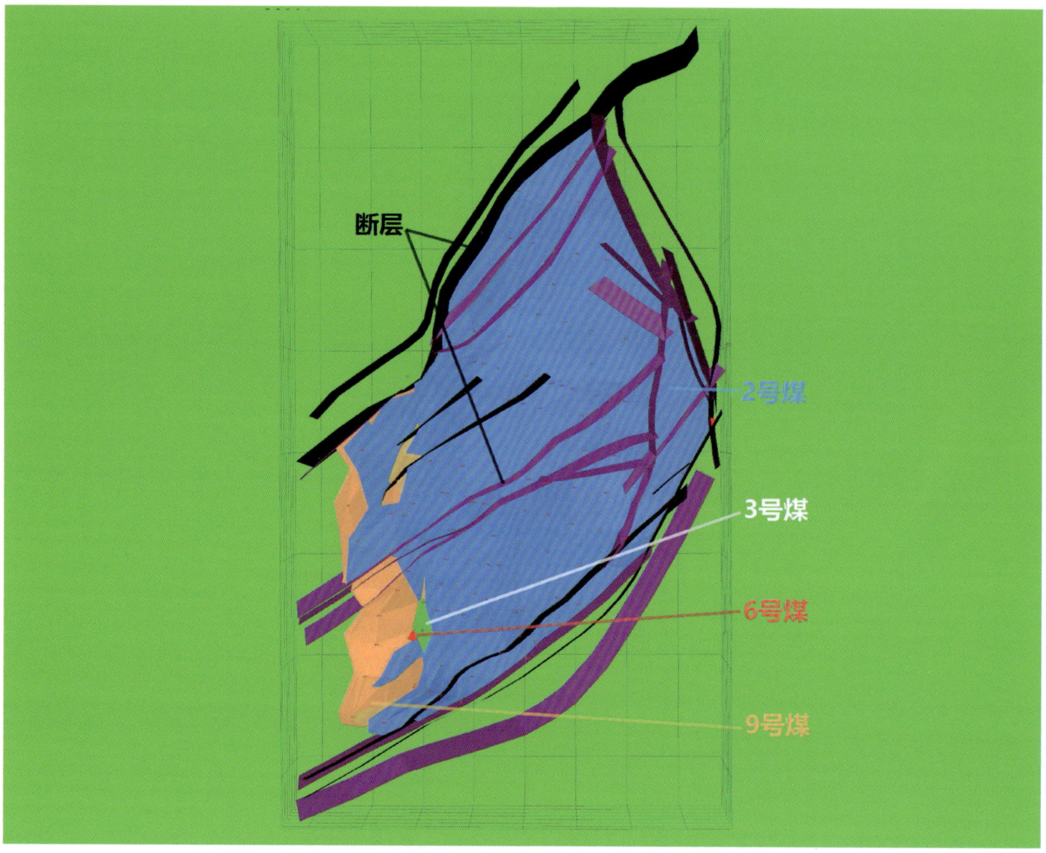

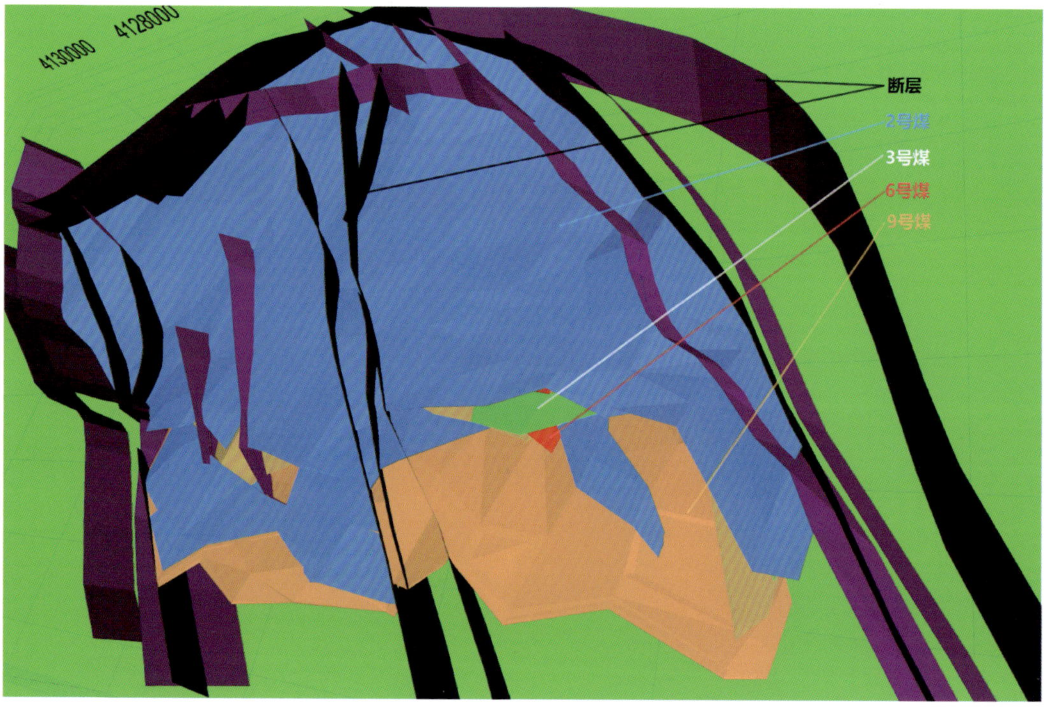

● 煤层三维模型

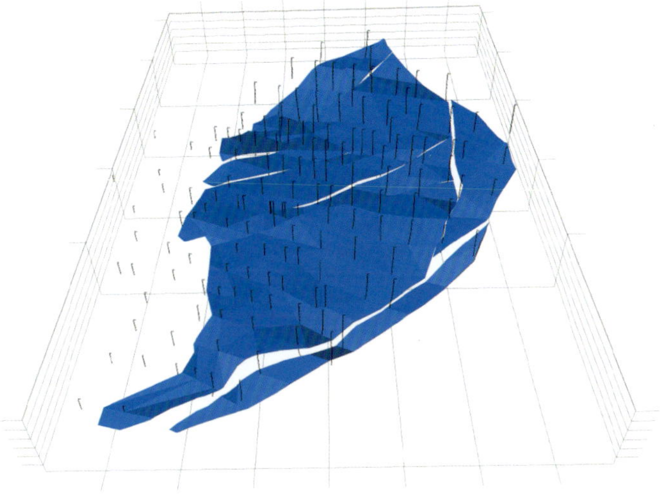

2 号煤三维模型

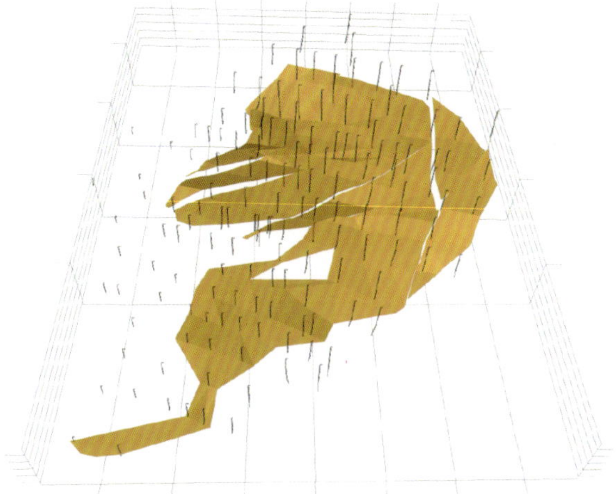

7 号煤三维模型

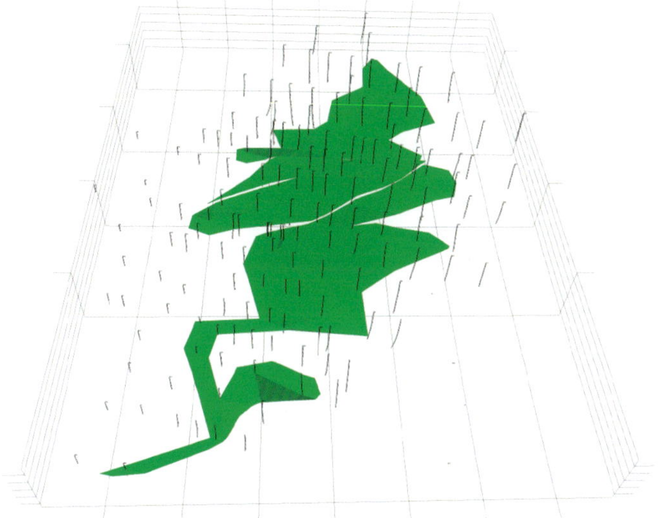

3 号煤三维模型

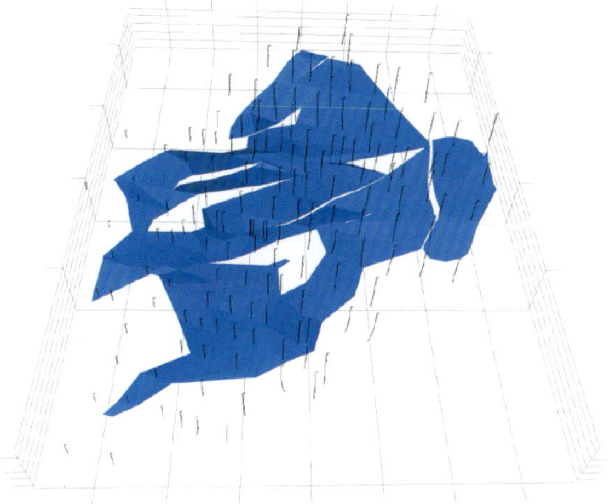

8 号煤三维模型

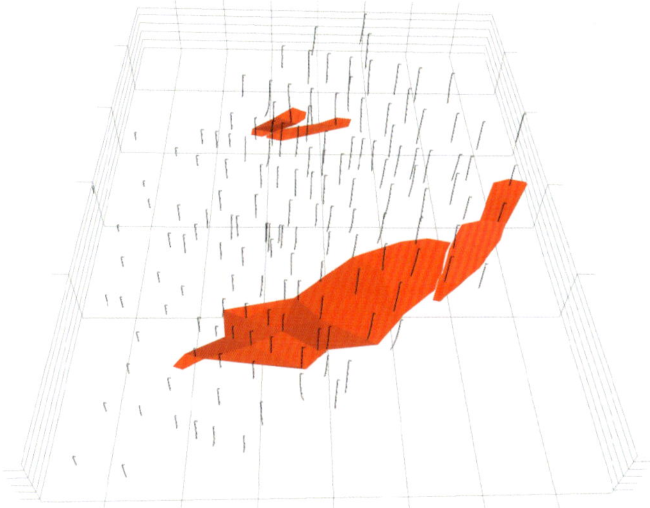

6 号煤三维模型

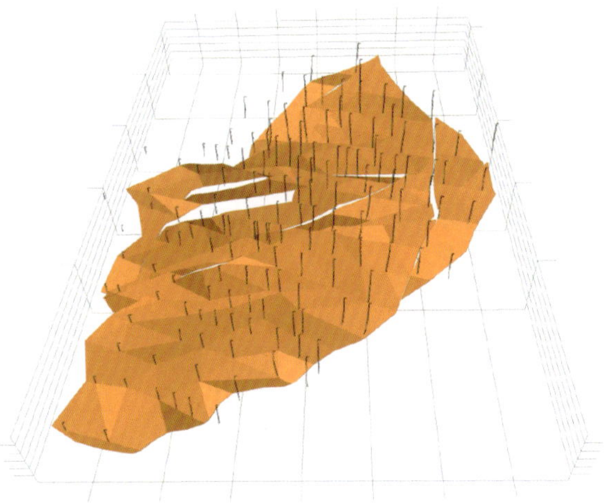

9 号煤三维模型

采矿区三维模型

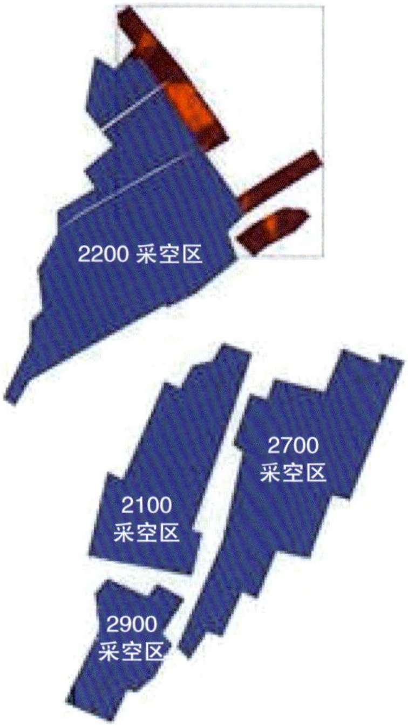

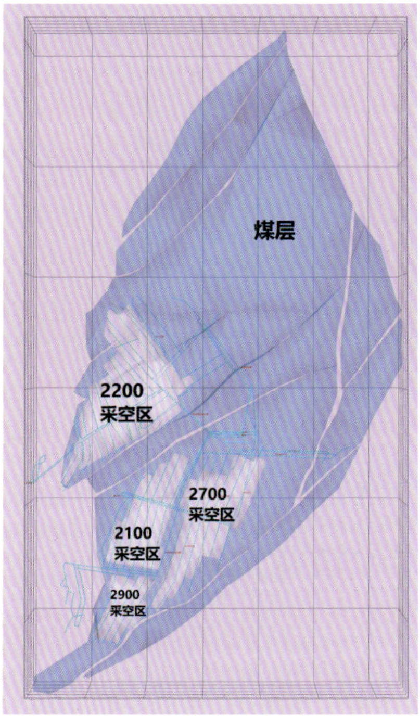

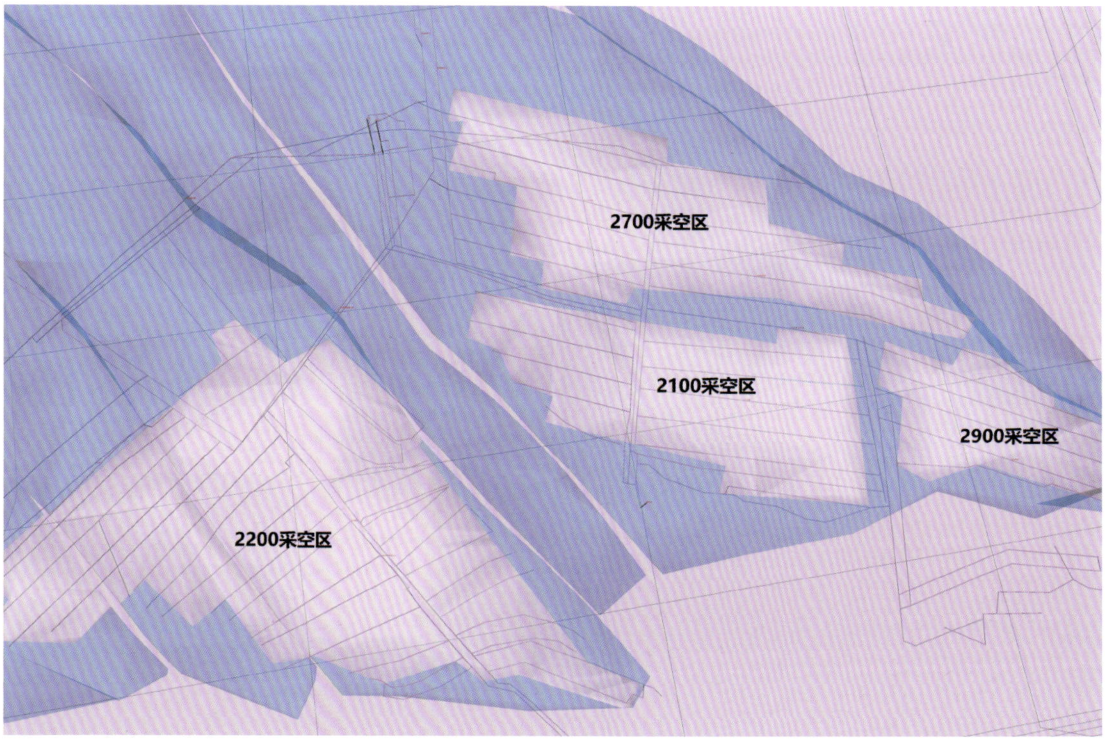

● 采空区模型

● 采空区模型（2900采空区——局部）

资源储量模型

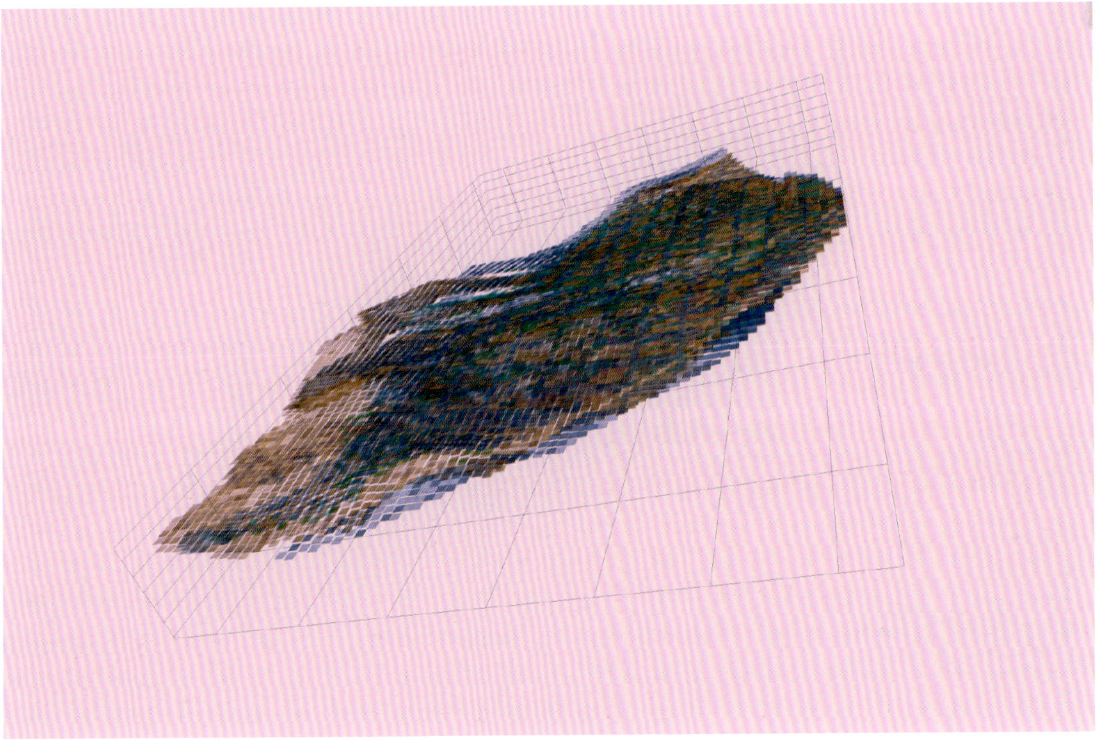

● 资源储量模型

水泥灰岩矿

河北省三维矿山建设案例集

1 河北省保定市唐县

该矿山出露地层主要为下奥陶统亮甲山组白云质灰岩、灰岩及中奥陶统马家沟组白云质灰岩、花斑状灰岩，区内岩浆活动较弱，仅在矿区南部及东北部发育两条闪长玢岩岩脉。矿床受地层层位控制，主要赋存于中奥陶统马家沟组二段灰岩中，根据原核实报告共划分为11个层状矿体，矿石为致密状灰岩、花斑状灰岩。

该矿山建设的三维地质模型包括地表模型、钻孔模型、矿体模型和资源储量模型。通过这些模型，能够展示最终境界实体形态，呈现钻孔轨迹、地表现状与赋存矿体实体的空间关系，显示品位分布，可以实现利用块体模型统计矿体储量分布，对合理配矿、指导生产具有一定的作用。

1 矿山三维模型

矿山全貌

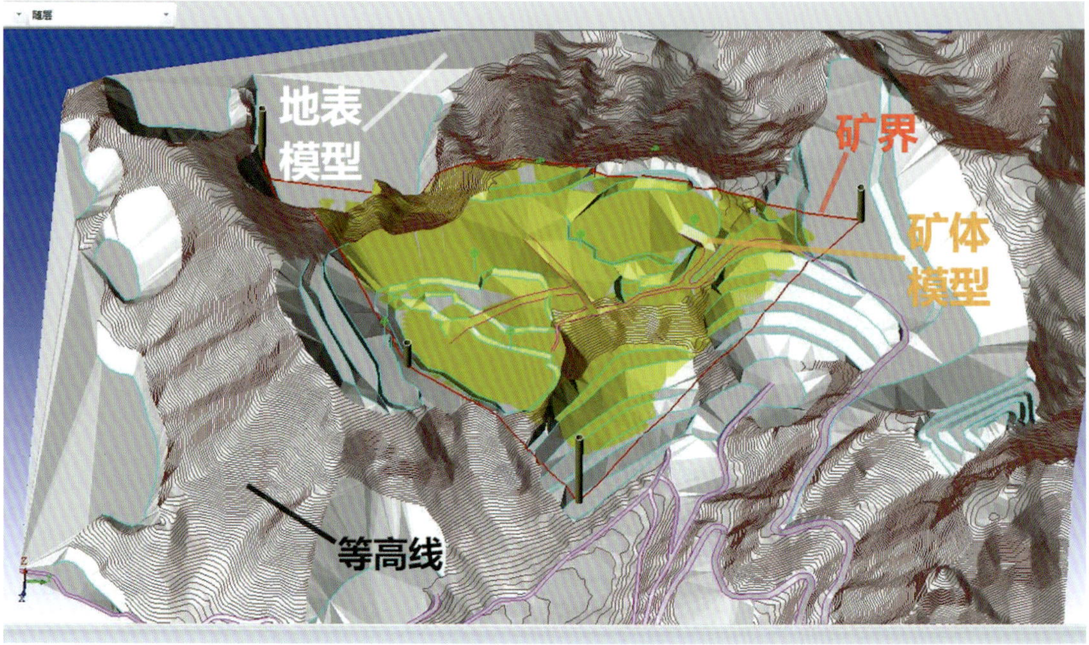

● 矿区综合模型

● 最终境界

矿体三维模型

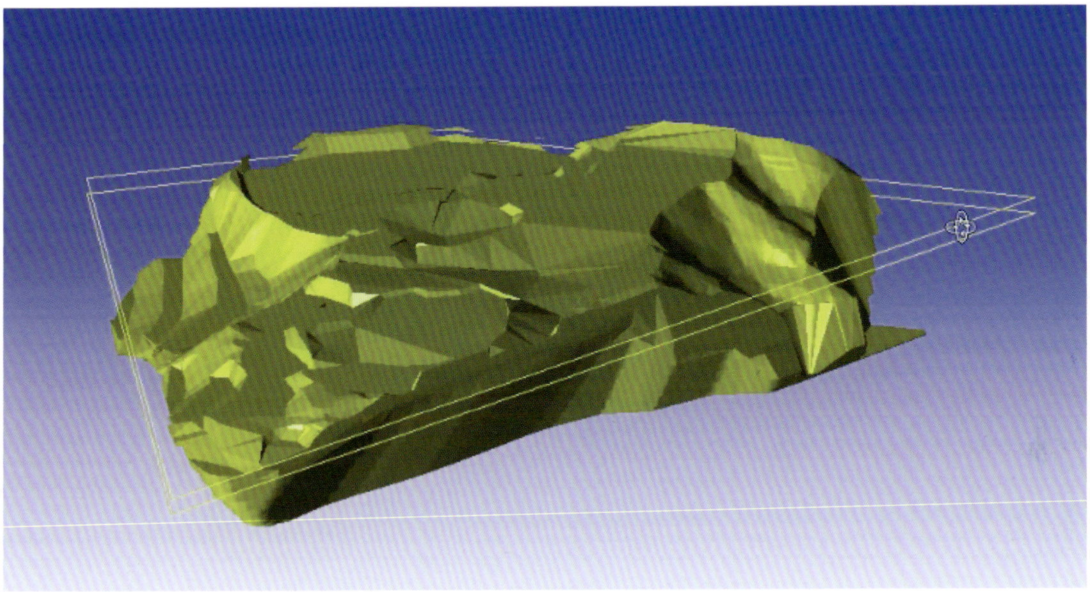

● 矿体模型

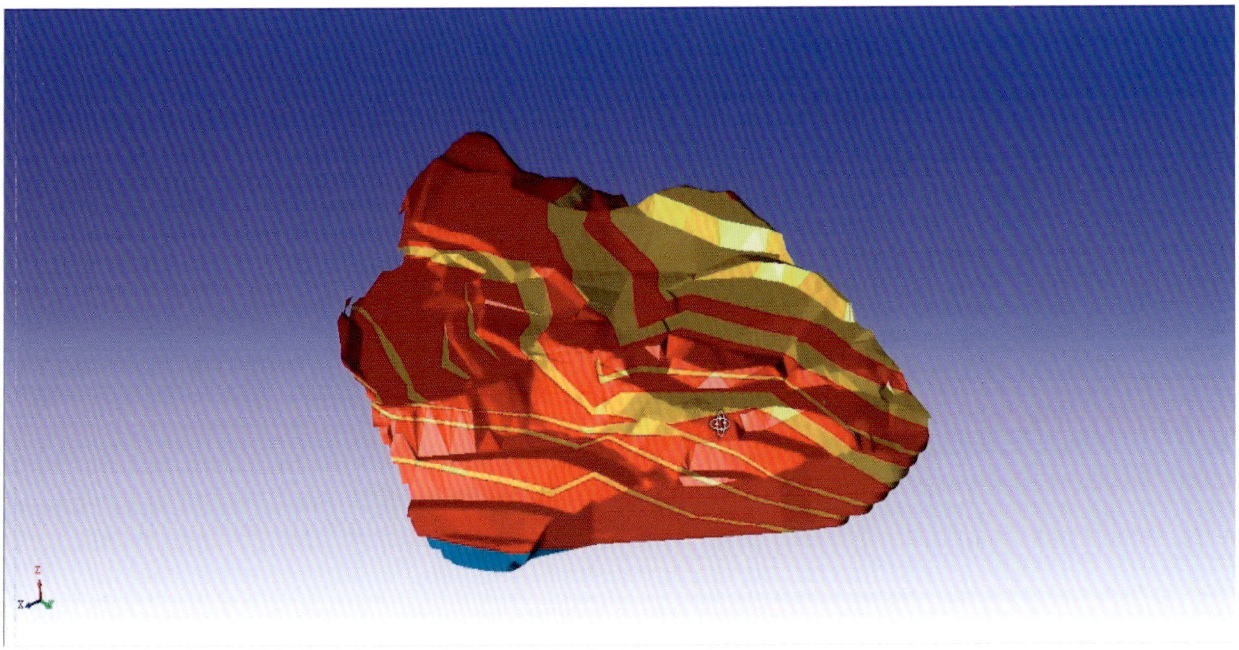

● 矿体模型（不同作业高度切分矿体）

三维钻孔模型

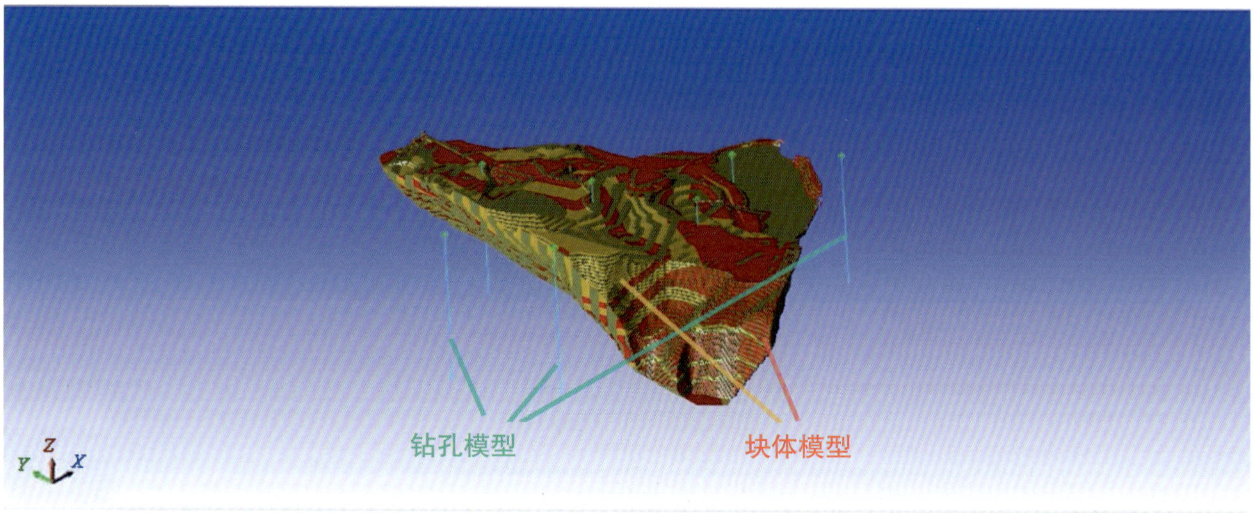

● 钻孔模型

储量三维模型

● 资源储量模型（块体模型）

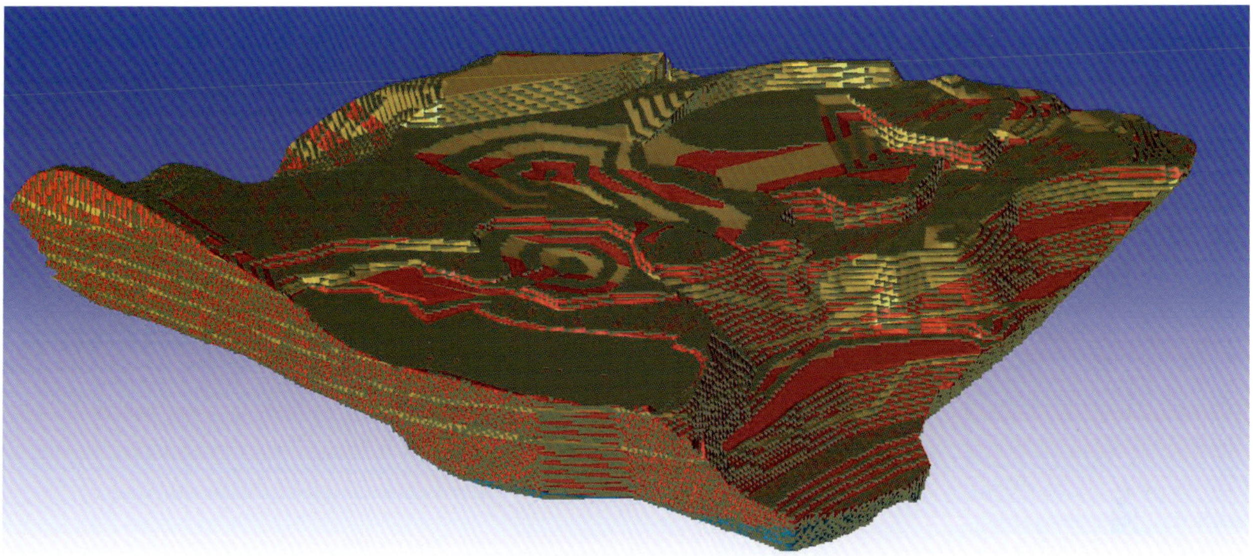

资源储量模型（块体模型）

分矿体按中段估算资源储量统计表

矿体	中段	体积	体重	矿石量	品位		金属量	
					CaO	MgO	CaO	MgO
		m^3	t/m^3	t	%	%	t	t
全部矿体	190-196	599 678.1	2.694 809	1 616 018	50.449 25	2.603 695	815 269	42 076.18
	196-208	1 326 481	2.693 728	3 573 180	49.611 64	3.215 404	1 772 713	114 892.2
	208-220	1 484 153	2.692 406	3 995 943	49.634 19	3.284 834	1 983 354	131 260.1
	220-232	1 608 394	2.690 988	4 328 168	50.552 71	2.900 728	2 188 006	125 548.4
	232-244	1 673 428	2.690 986	4 503 171	50.473 2	3.076 637	2 272 895	138 546.2
	244-256	1 752 341	2.695 849	4 724 046	50.628 04	2.742 851	2 391 692	129 573.6
	256-268	1 726 266	2.689 382	4 642 588	49.772 19	3.362 431	2 310 718	156 103.8
	268-280	1 694 409	2.672 196	4 527 794	47.479 43	5.106 699	2 149 770	231 220.8
	280-292	1 470 878	2.658 854	3 910 851	46.022 66	6.281 927	1 799 877	245 676.8
	292-304	585 800	2.651 05	1 552 985	44.515 56	7.193 394	691 320.1	111 712.3
	304-316	64 196.88	2.652 517	170 283.3	47.173 77	3.465 716	80 329.05	5 901.535
	316-328	0	0	0	0	0	0	0
	汇总	13 986 025	2.684 467	37 545 027	49.156 83	3.815 45	18 455 944	1 432 512

储量计算

2 河北省唐山市滦州市

该矿山出露地层包括寒武系毛庄组、徐庄组、张夏组、崮山组、长山组、凤山组，奥陶系冶里组、亮甲山组，矿体赋存于张夏组、凤山组、冶里组和亮甲山组中。矿石为豹皮状灰岩、条带状灰岩、鲕状灰岩、竹叶庄灰岩等。矿床属海相沉积型矿床。

该矿山目前处于初步建模阶段。通过该矿山的地表影像，能够直观地展示出矿区的地表形态。该矿山模型主要应用于矿山治理中。

2 矿山三维模型

矿山全貌

● 地表影像

● 地表影像

地表影像

3 河北省保定市曲阳县

该矿山出露地层主要为奥陶系三山子组白云岩，马家沟组花斑灰岩、纯灰岩，夹白云质灰岩、泥质灰岩，马家沟组一段和三段为本区主要赋矿层位，岩性以纯灰岩、花斑灰岩为主，矿区内未见岩浆岩出露。矿床属海相沉积型矿床。

该矿山建设的三维地质模型包括地表模型、钻孔模型、矿体模型和资源储量模型。通过这些模型，能够展示采场境界，呈现钻孔轨迹、地表现状与赋存矿体实体的空间关系，显示矿体的品位分布，可以实现利用块体模型统计矿体储量分布，有利于生产中稳定配料，减少投入，最后对爆破、配矿和生态修复等生产管理具有指导作用。

3 矿山三维模型

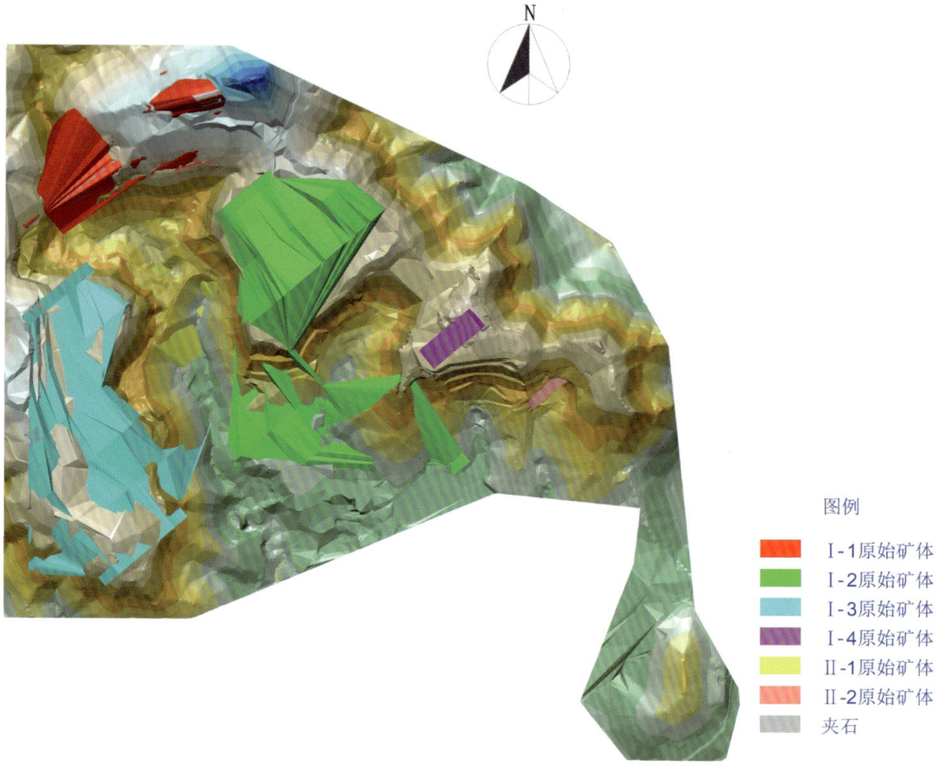

● 矿区综合模型

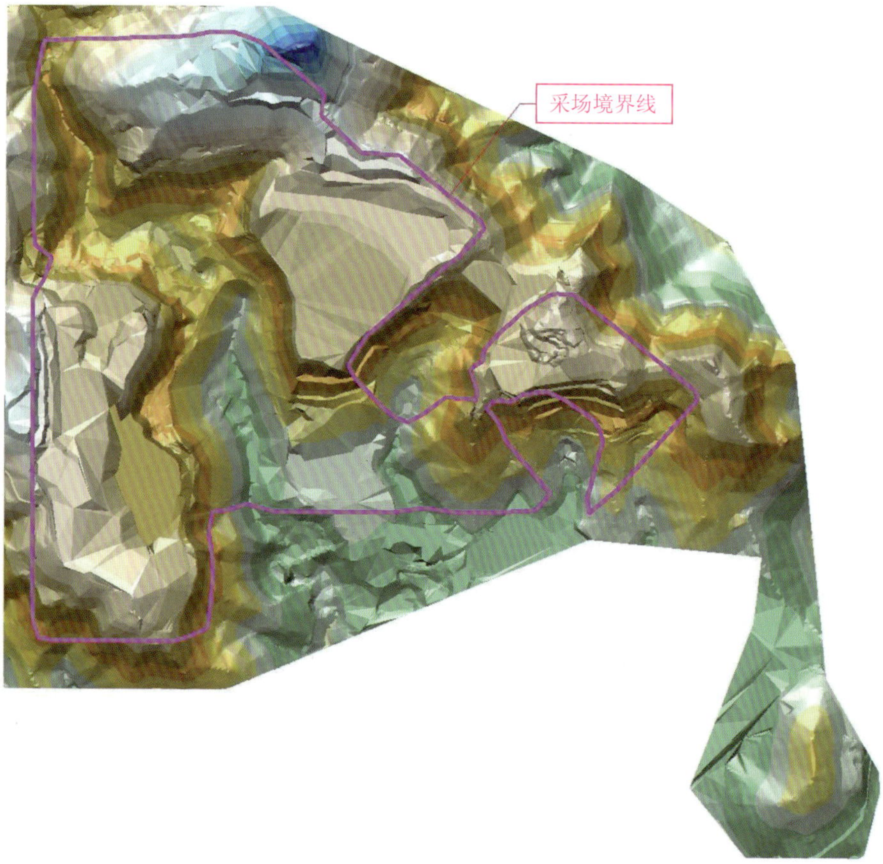

● 矿区综合模型（采场境界线）

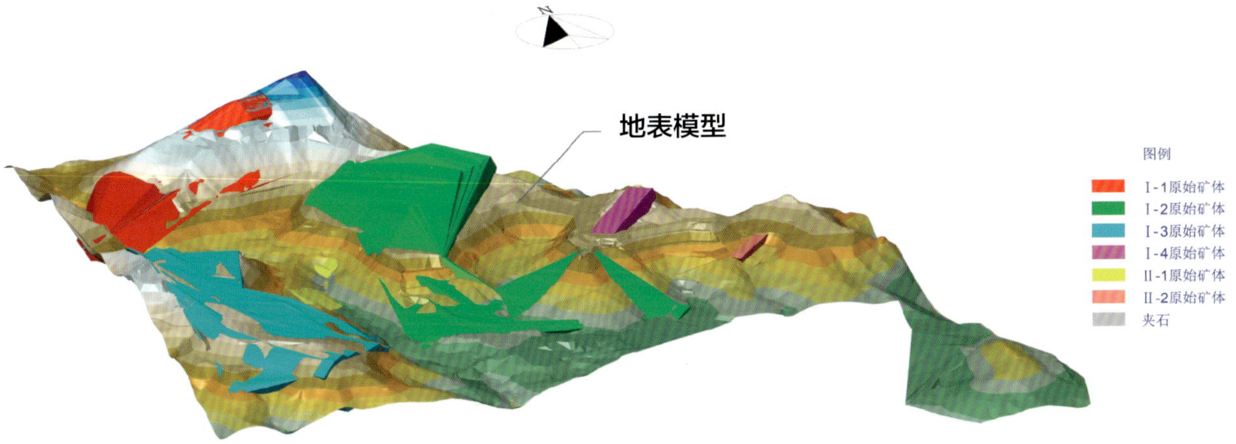
地表模型
图例
Ⅰ-1原始矿体
Ⅰ-2原始矿体
Ⅰ-3原始矿体
Ⅰ-4原始矿体
Ⅱ-1原始矿体
Ⅱ-2原始矿体
夹石

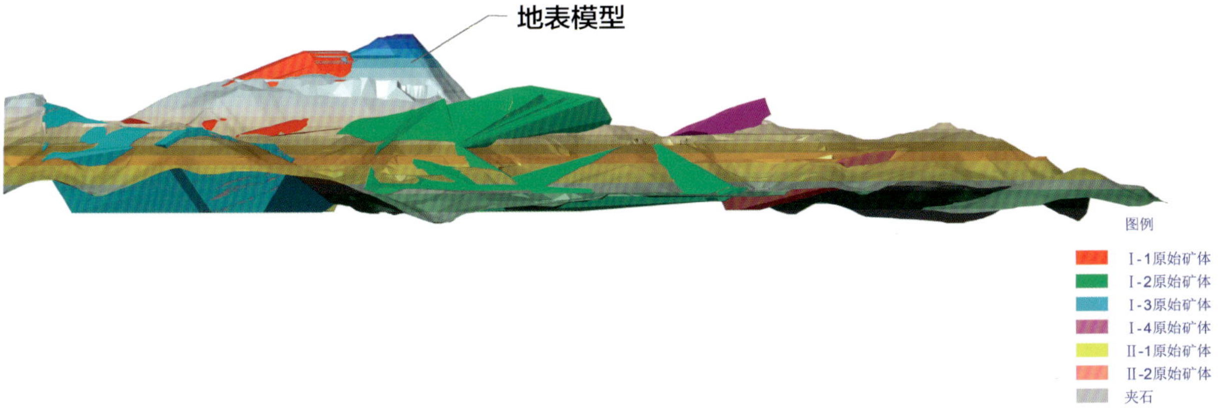
地表模型
图例
Ⅰ-1原始矿体
Ⅰ-2原始矿体
Ⅰ-3原始矿体
Ⅰ-4原始矿体
Ⅱ-1原始矿体
Ⅱ-2原始矿体
夹石

地表模型
图例
Ⅰ-1原始矿体
Ⅰ-2原始矿体
Ⅰ-3原始矿体
Ⅰ-4原始矿体
Ⅱ-1原始矿体
Ⅱ-2原始矿体
夹石

● 矿区综合模型

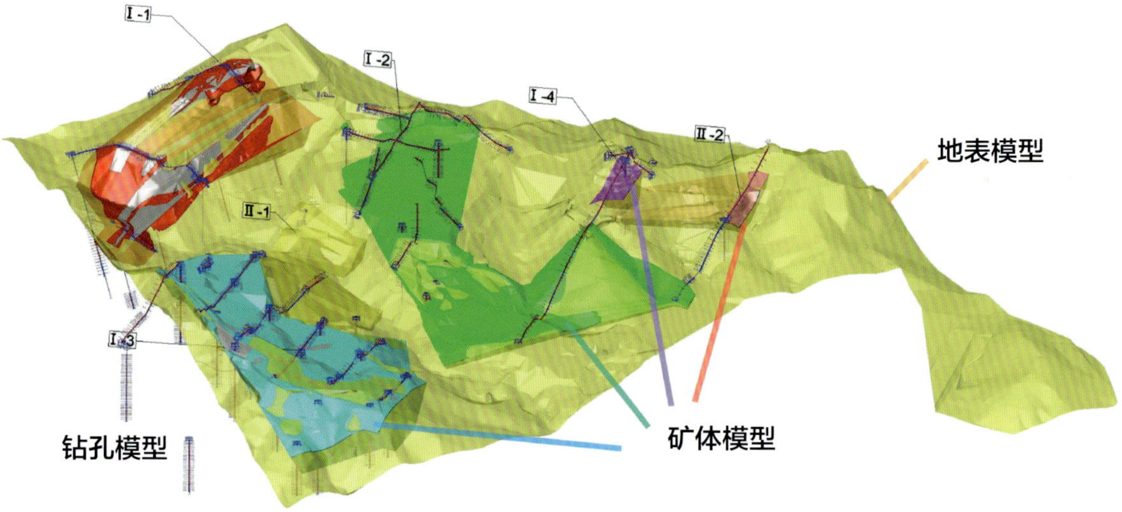
Ⅰ-1
Ⅰ-2
Ⅰ-4
Ⅱ-2
Ⅱ-1
Ⅰ-3
地表模型
钻孔模型
矿体模型

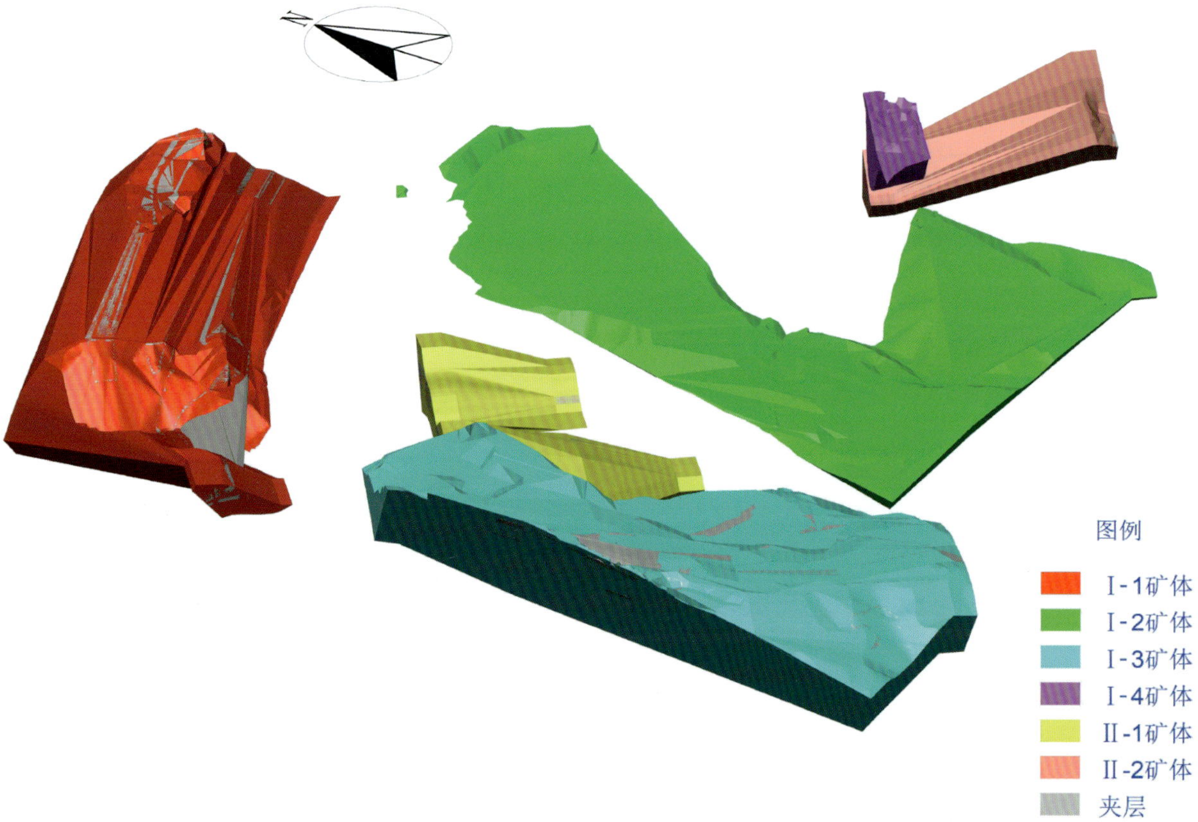
图例
Ⅰ-1矿体
Ⅰ-2矿体
Ⅰ-3矿体
Ⅰ-4矿体
Ⅱ-1矿体
Ⅱ-2矿体
夹层

● 矿体模型

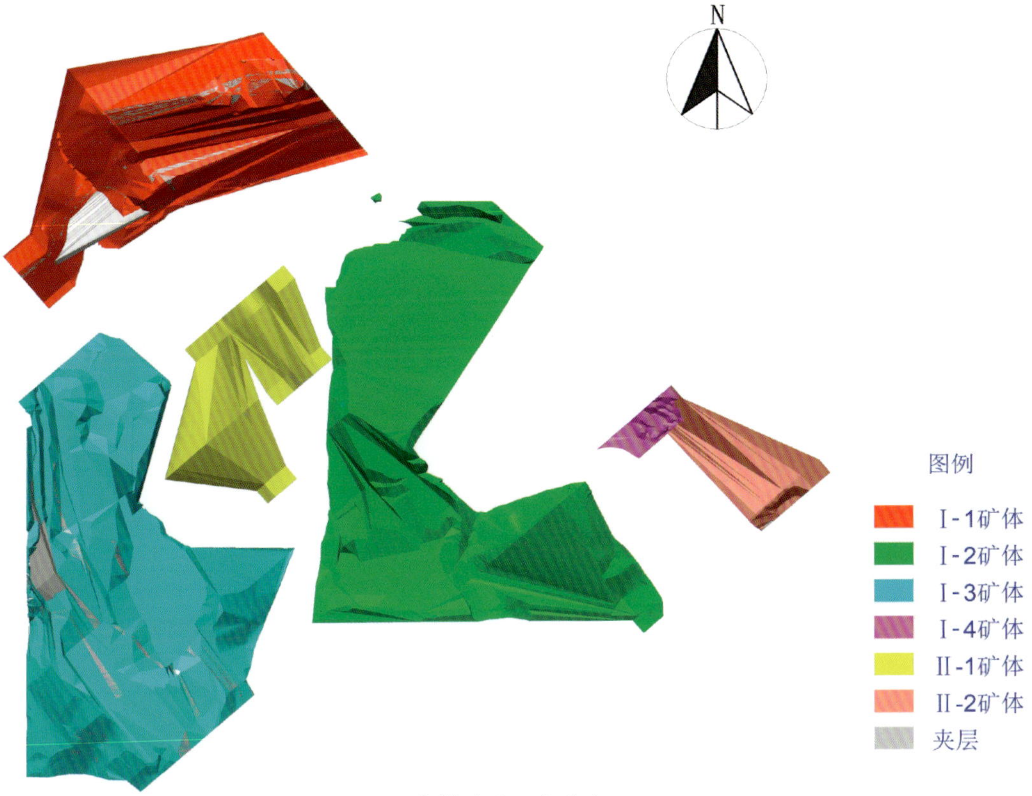

● 矿体模型（XY视角）

储量三维模型

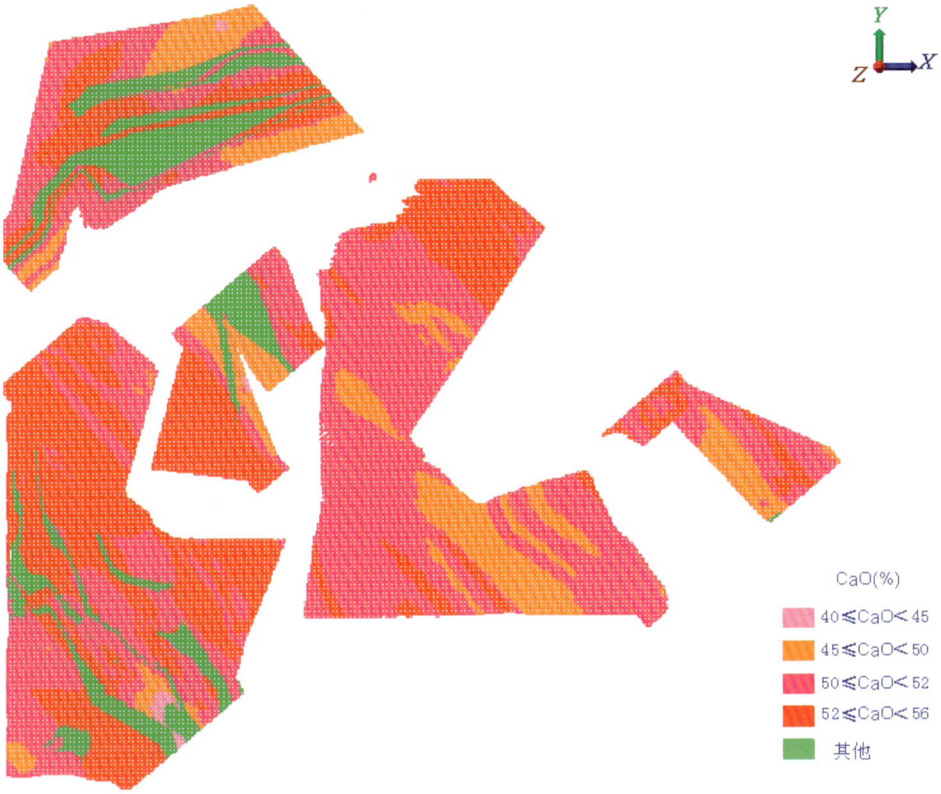

● 资源储量模型（品位分布）

石灰石矿

河 北 省 三 维 矿 山 建 设 案 例 集

1 河北省石家庄市鹿泉区

该矿山内出露地层主要为古生界中寒武统徐庄组粉砂质页岩、张夏组泥质灰岩、鲕状灰岩和上寒武统崮山组钙质页岩、长山组竹叶状灰岩与钙质页岩互层。矿体赋存于寒武系张夏组第四段地层中，为一巨厚的层状矿体。矿石岩性为鲕状灰岩、花斑灰岩，鲕状灰岩是矿床中最主要的矿石类型。

该矿山建设的三维地质模型包括地表模型、钻孔模型、矿体模型和资源储量模型。通过这些模型，能够展示钻孔的空间分布，呈现钻孔轨迹、地表现状与赋存矿体实体的空间关系，显示矿体的品位分布，可以实现利用块体模型统计矿体储量，有利于掌握每层矿体资源状况、矿石分布、矿石质量等信息，以进行有效配给。

1 矿山三维模型

矿山全貌

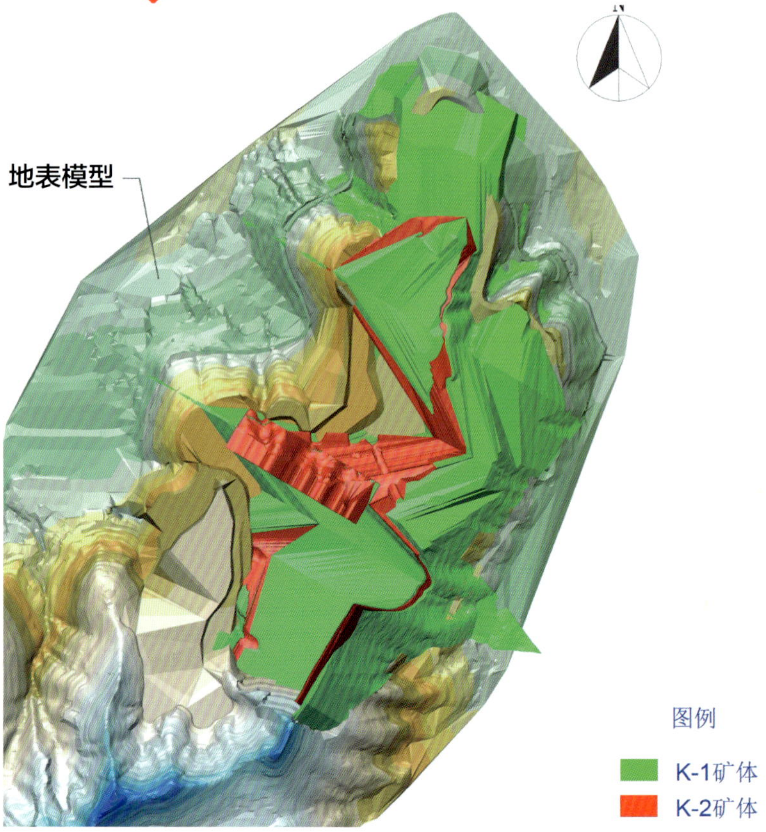

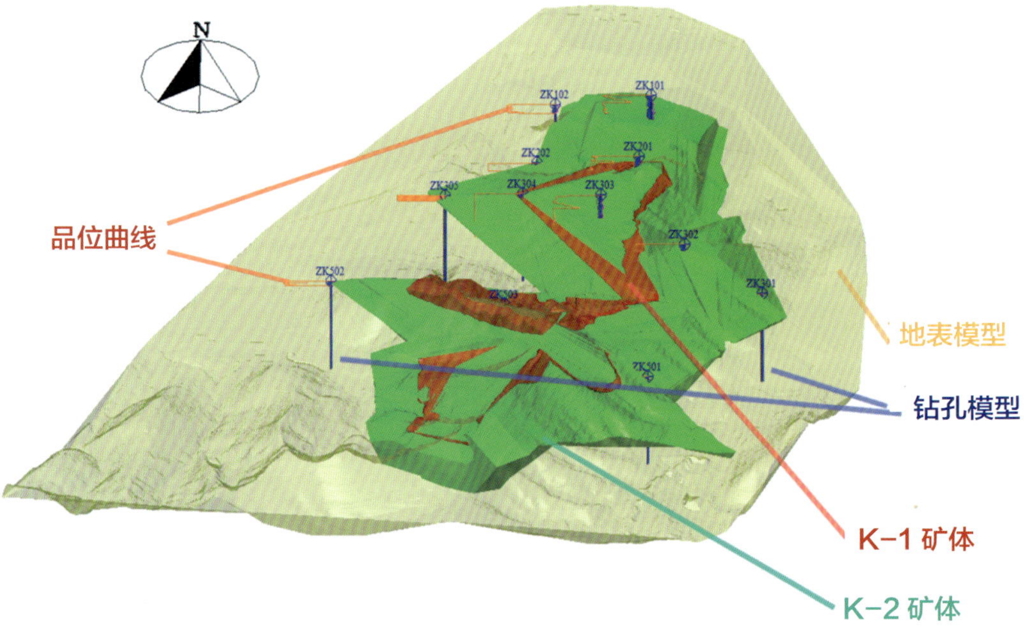

● 矿区综合模型

矿体及储量三维模型

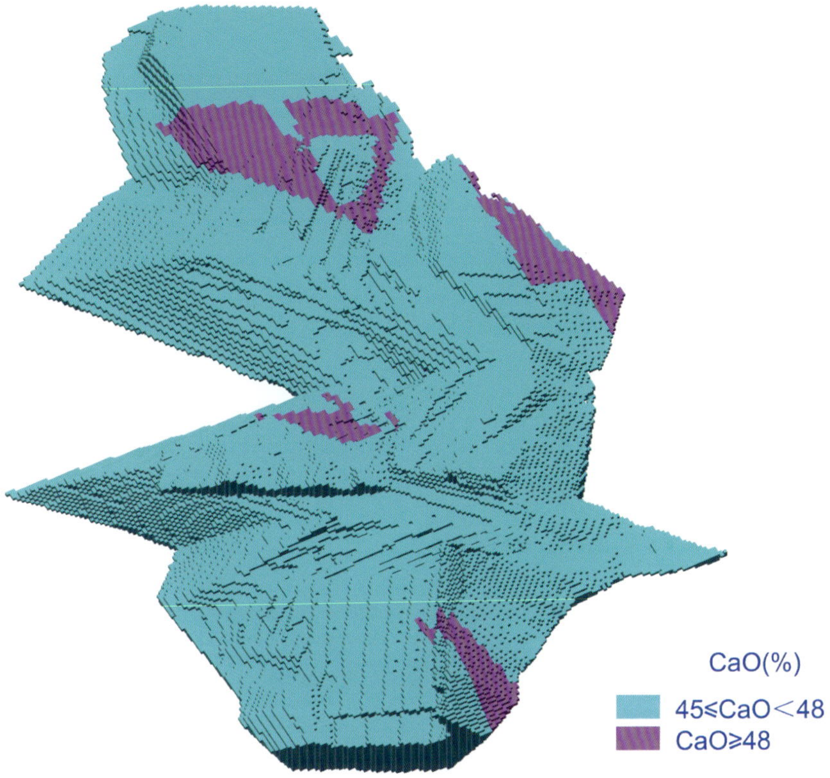

● 资源储量模型（品位分布）

3DMine块体模型报告			
体积(m³)	质量(t)	GaO(%)	MgO(%)
48 631 750	131 305 727.3	50.83	1.86

● 块体模型报告

磷矿

河北省三维矿山建设案例集

1 河北省张家口市涿鹿县岩浆分异型磷矿

该矿山出露地层较简单，仅有中元古界震旦系雾迷山组燧石条带白云岩和第四系的沉积地层，伴随多次岩浆活动，岩性以辉石正长岩、花岗闪长岩为主。矾山磷铁矿床赋存于矾山杂岩体内的层状辉石岩带中，具有典型的岩浆分异成矿特征。矿石岩性为磁铁磷灰石岩和磷灰石岩。

该矿山建设的三维地质模型包括地表模型、钻孔模型、矿体模型、巷道模型、采空区模型和资源储量模型。通过这些模型，能够展示采矿权范围，呈现钻孔轨迹、巷道走向、地表现状与赋存矿体实体的空间关系，显示矿体的品位分布和矿体切割剖面品位分布，可以实现利用块体模型统计矿体储量分布，及时观测地表塌陷区沉降变形，指导采空矿房填充，精准爆破，降低贫化率，达到设计深孔、安排采掘计划、合理配矿的目的。

1 矿山三维模型

矿山全貌

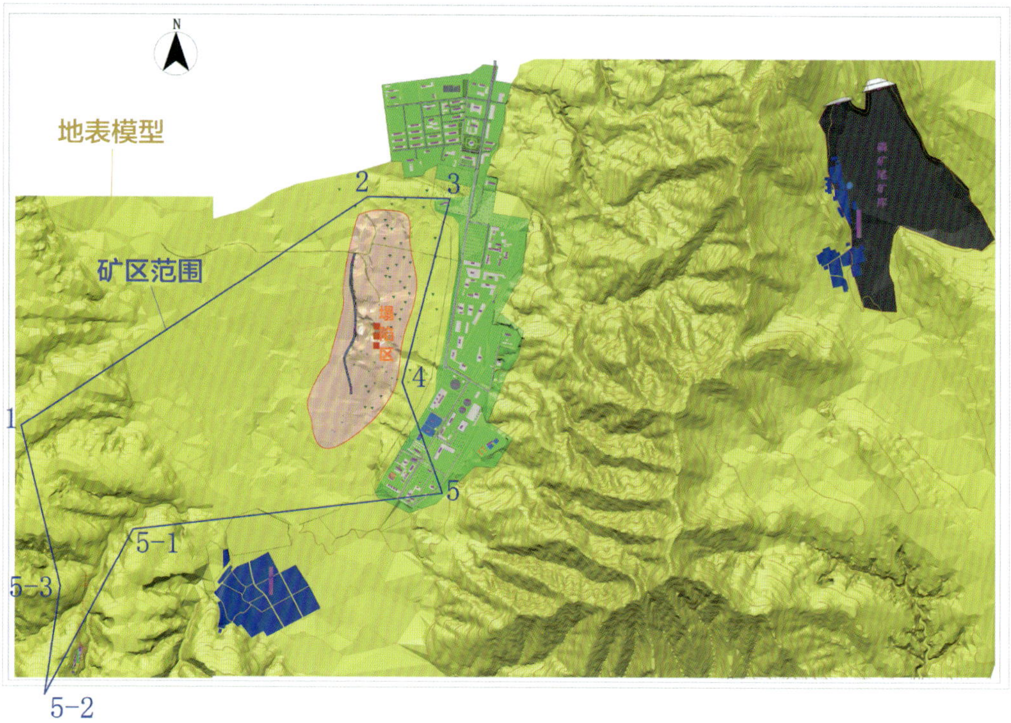

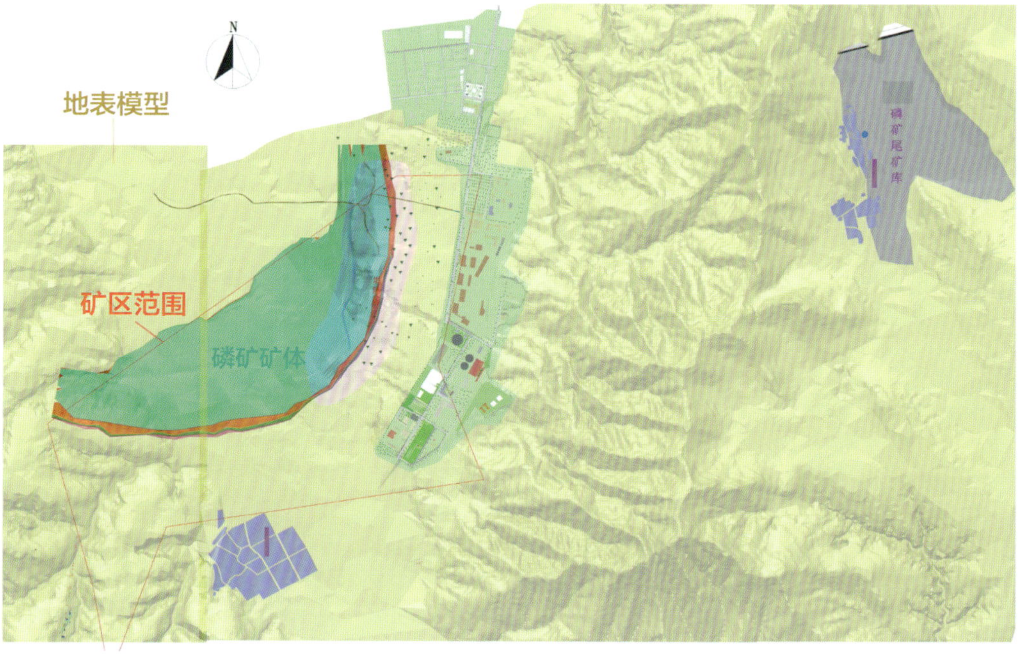

● 矿区综合模型

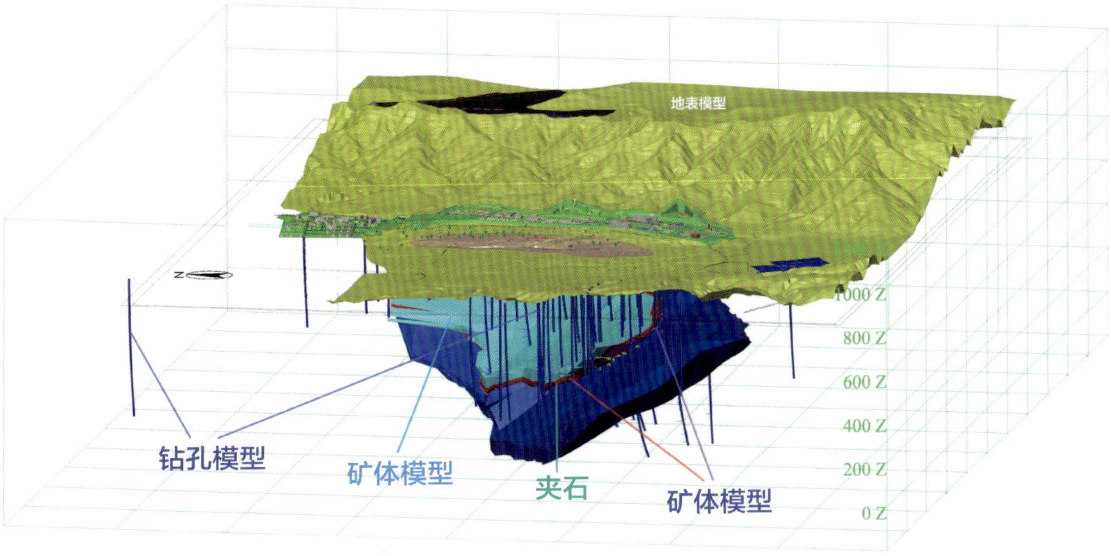
地表模型
1000 Z
800 Z
600 Z
400 Z
200 Z
0 Z
钻孔模型
矿体模型
夹石
矿体模型

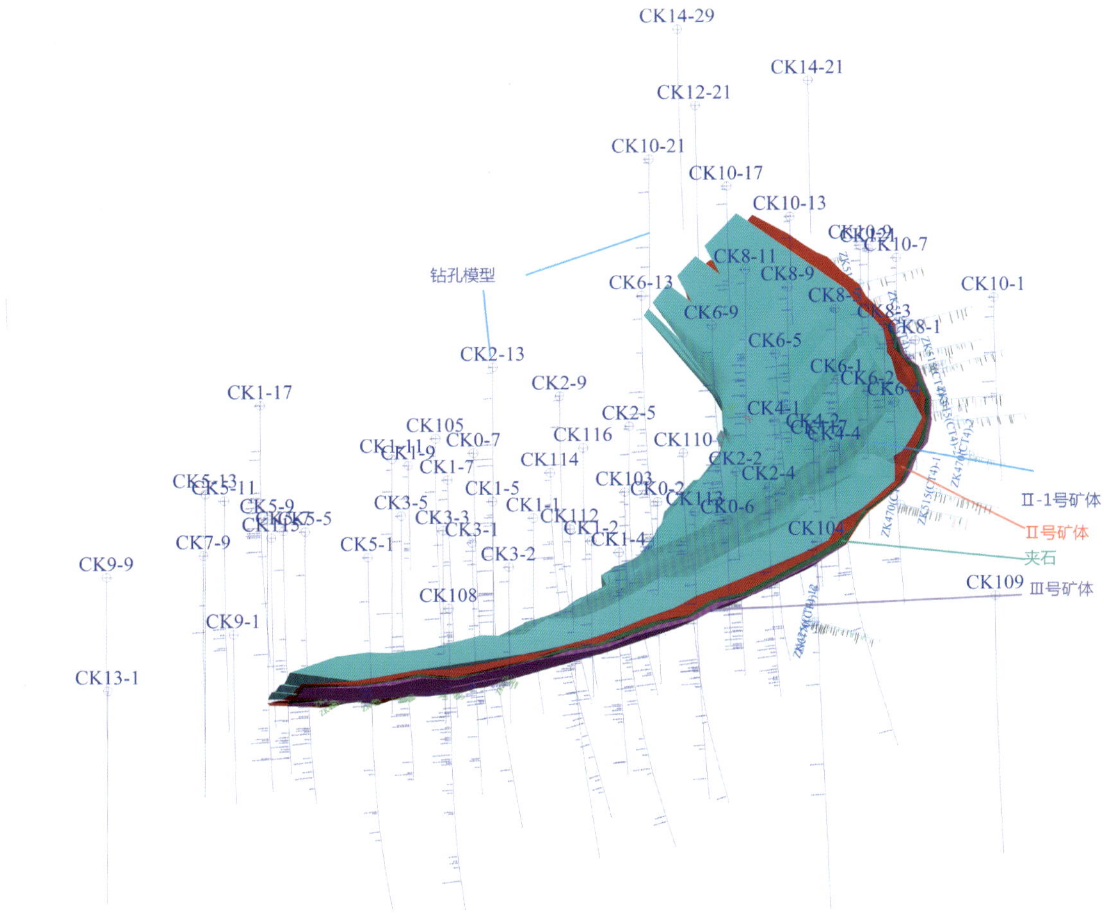
CK14-29
CK14-21
CK12-21
CK10-21
CK10-17
CK10-13
CK10-7
钻孔模型
CK8-11
CK8-9
CK6-13
CK10-1
CK6-9
CK6-5
CK2-13
CK2-9
CK1-17
CK2-5
CK105
CK0-7
CK116
CK110
CK1-7
CK114
CK103
CK2-2
CK2-4
CK1-5
CK3-5
CK3-3
CK3-1
CK1-1
CK112
CK0-6
CK5-1
CK3-2
CK7-9
CK9-9
CK108
CK109
CK9-1
CK13-1
Ⅱ-1号矿体
Ⅱ号矿体
夹石
Ⅲ号矿体

● 矿区综合模型

巷道三维模型

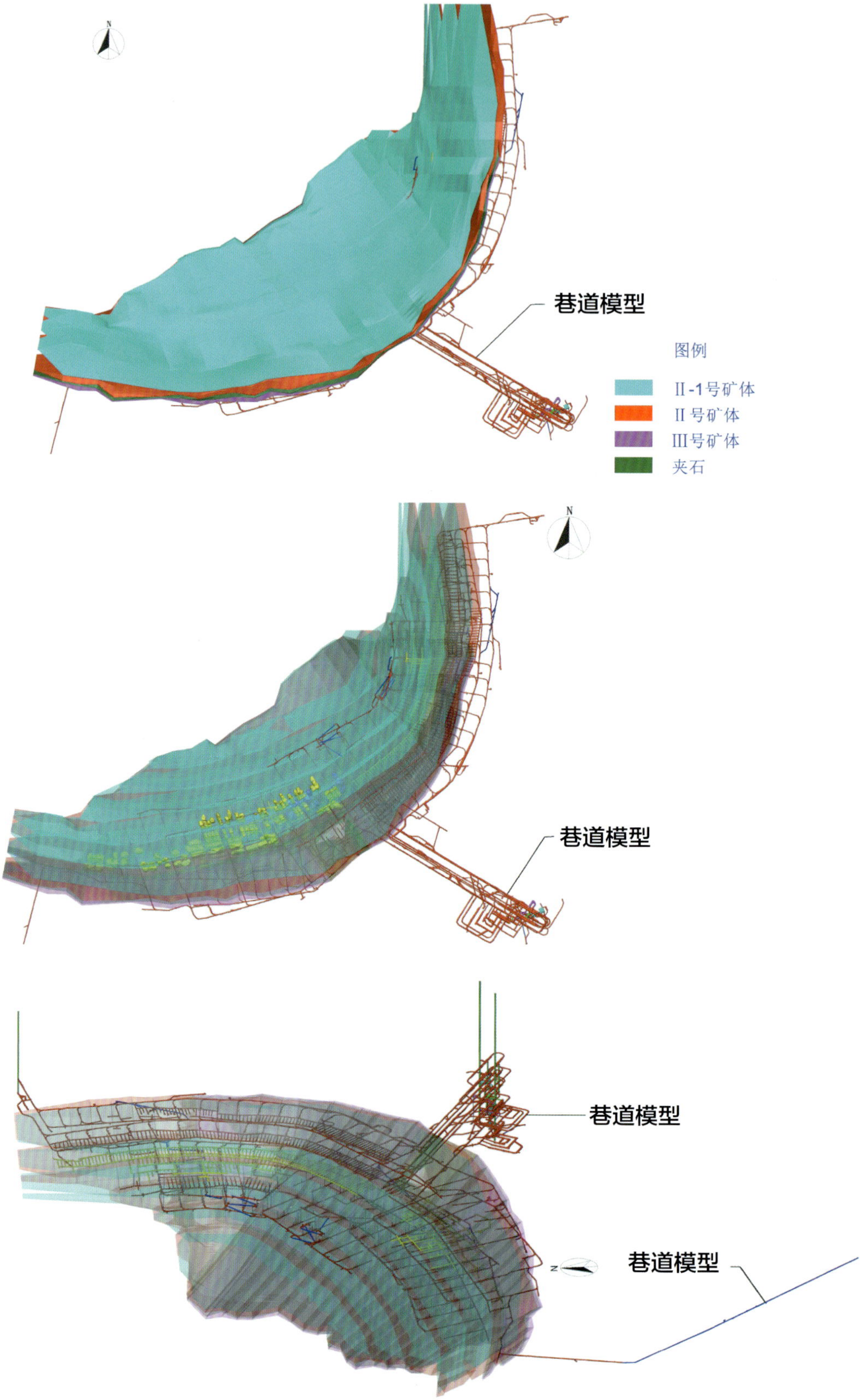

● 巷道模型（*XY*视角）

采空区三维模型

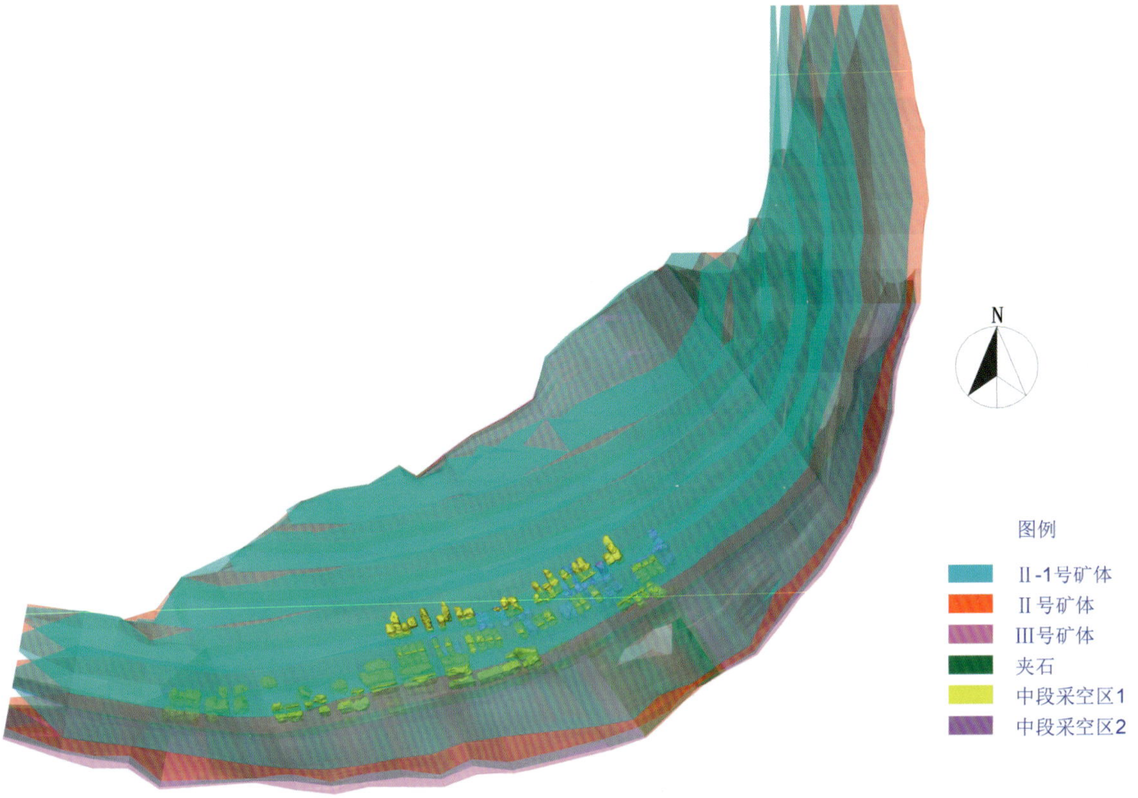

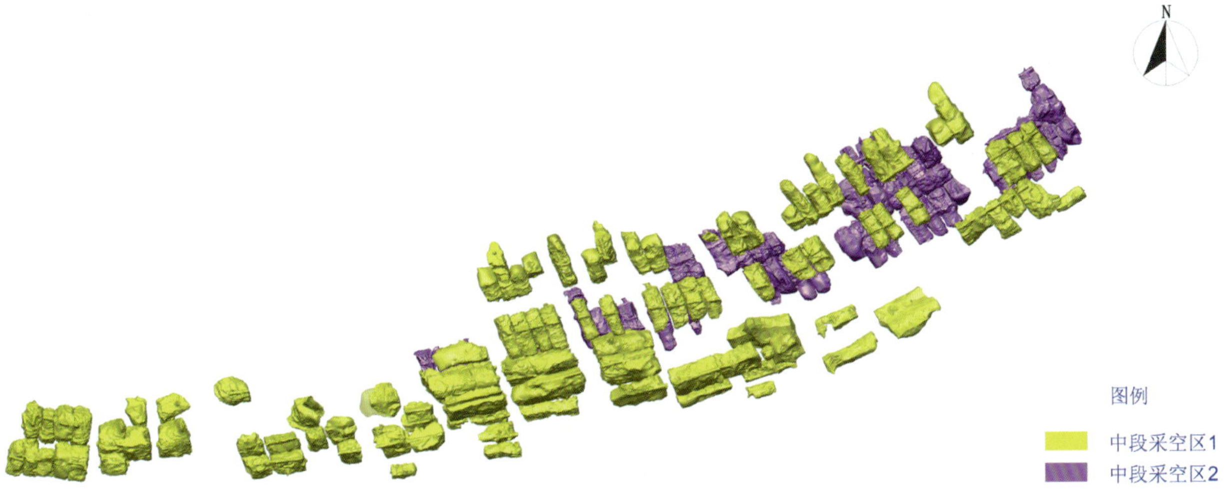

● 采空区模型

储量三维模型

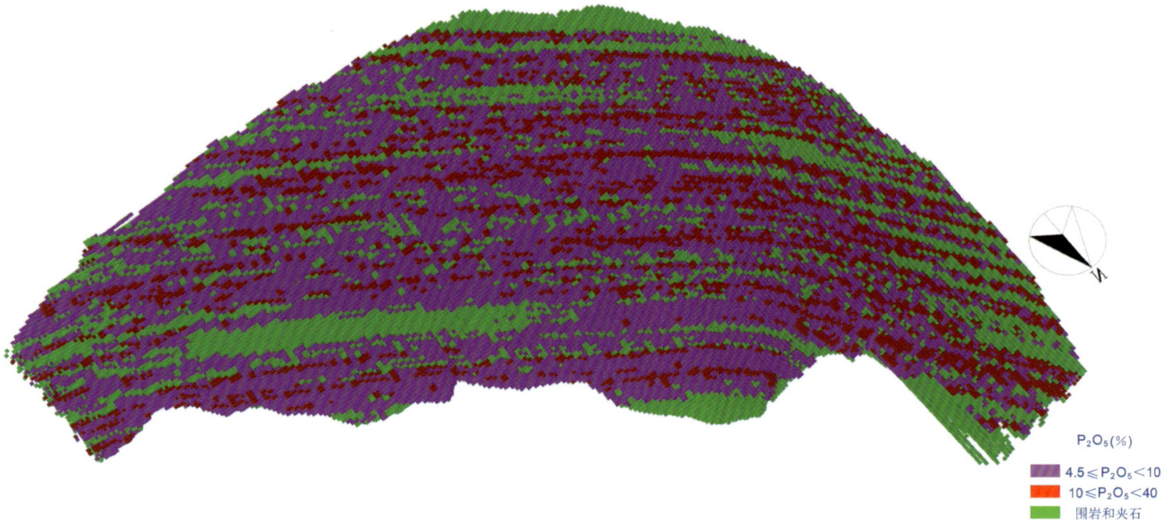

● 资源储量模型（品位分布）

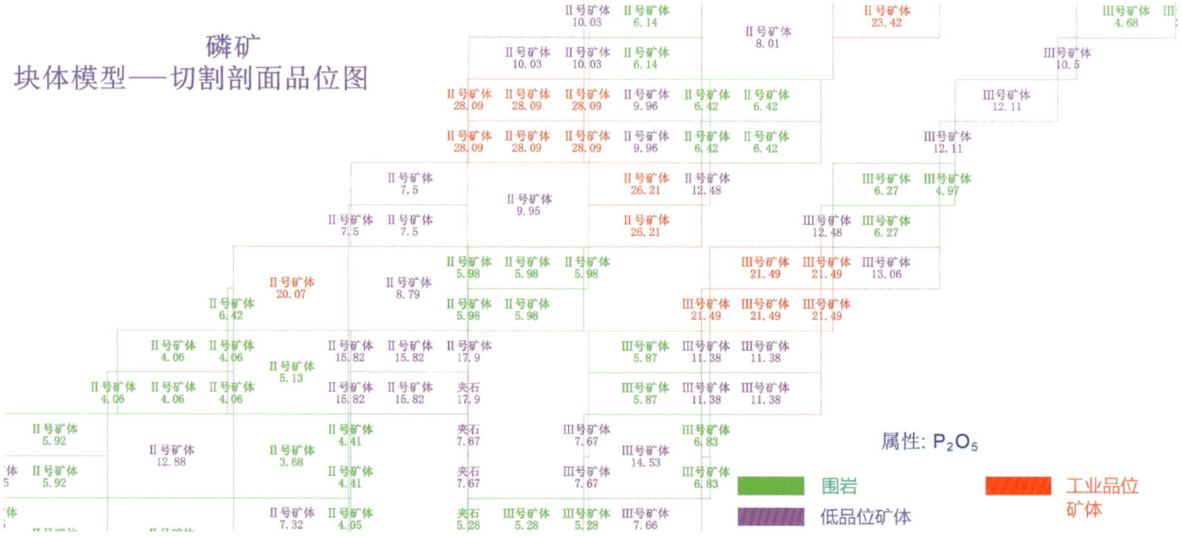

● 资源储量模型(磷矿块体模型——切割剖面品位图)

银铅锌矿

河北省三维矿山建设案例集

1 河北省承德市丰宁县浅成中低温热液裂隙充填型银铅锌矿

该矿山内出露地层主要为太古宇单塔子群变质岩系及斑状混合岩、均质混合岩。太古宇单塔子群变质岩系主要为黑云斜长片麻岩、角闪斜长变粒岩夹大理岩透镜体，岩浆岩主要为海西期中粗粒花岗岩和燕山期细粒花岗岩。矿体主要赋存于断裂破碎带与粗粒花岗岩和黑云斜长片麻岩、斑状混合岩的内接触带复合部位，矿石为压碎角砾岩，属浅成中低温热液裂隙充填型银铅锌矿。

该矿山建设的三维地质模型包括地表模型、矿体模型、巷道模型和采空区模型。通过这些模型，能够展示工业广场及地表现状，呈现巷道走向、银矿体与铅锌矿体赋存的空间关系，可用于制订采矿计划，精美、实时展示施工进度及采掘情况，对生产管理具有指导作用。

1 矿山三维模型

地表三维模型

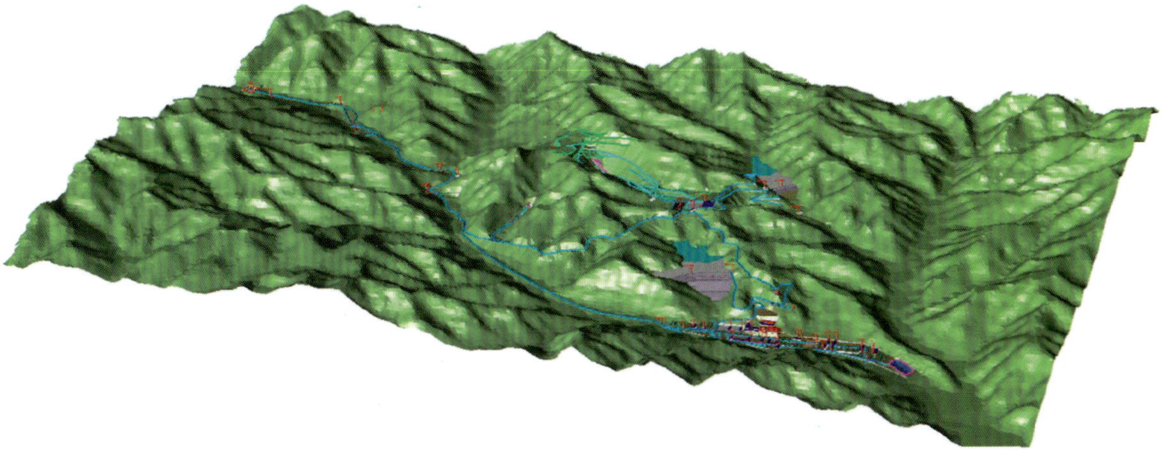

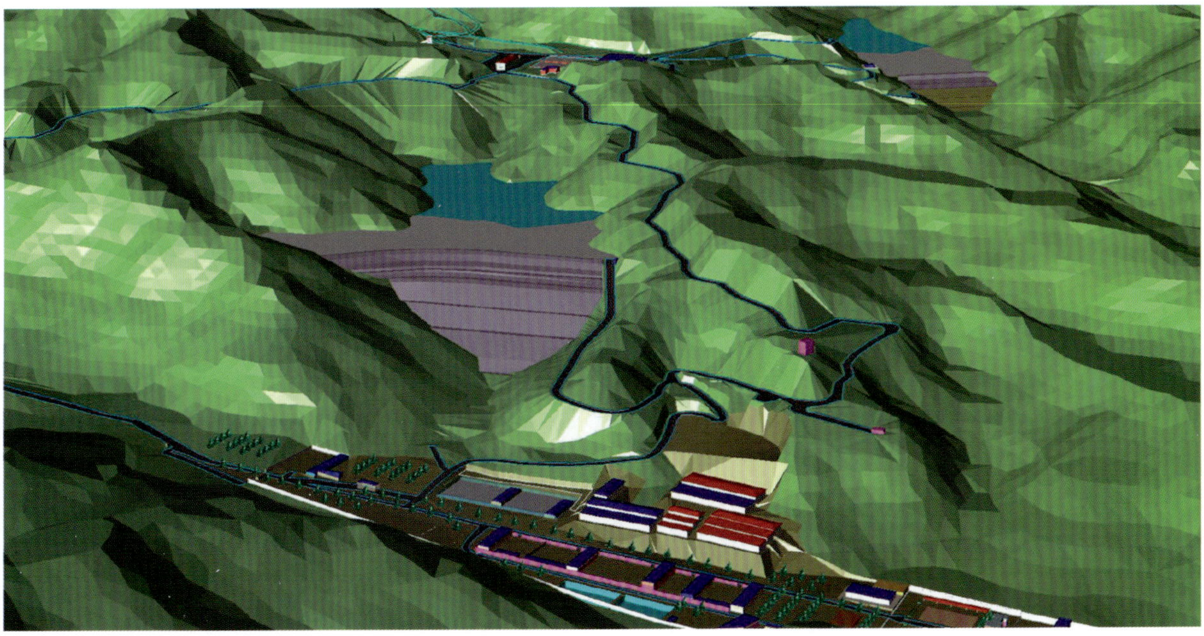

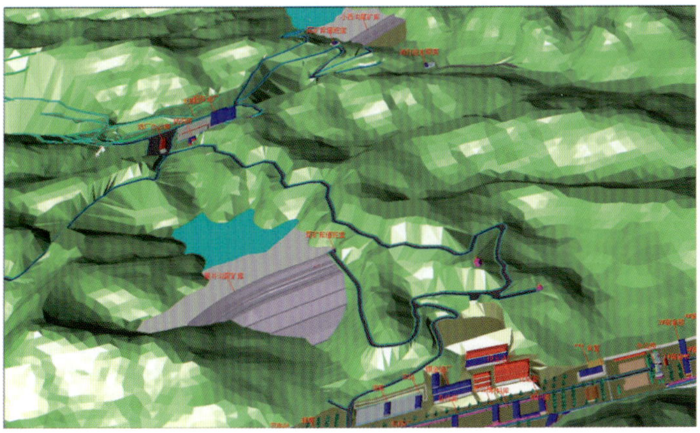

● 地表模型

矿山全貌

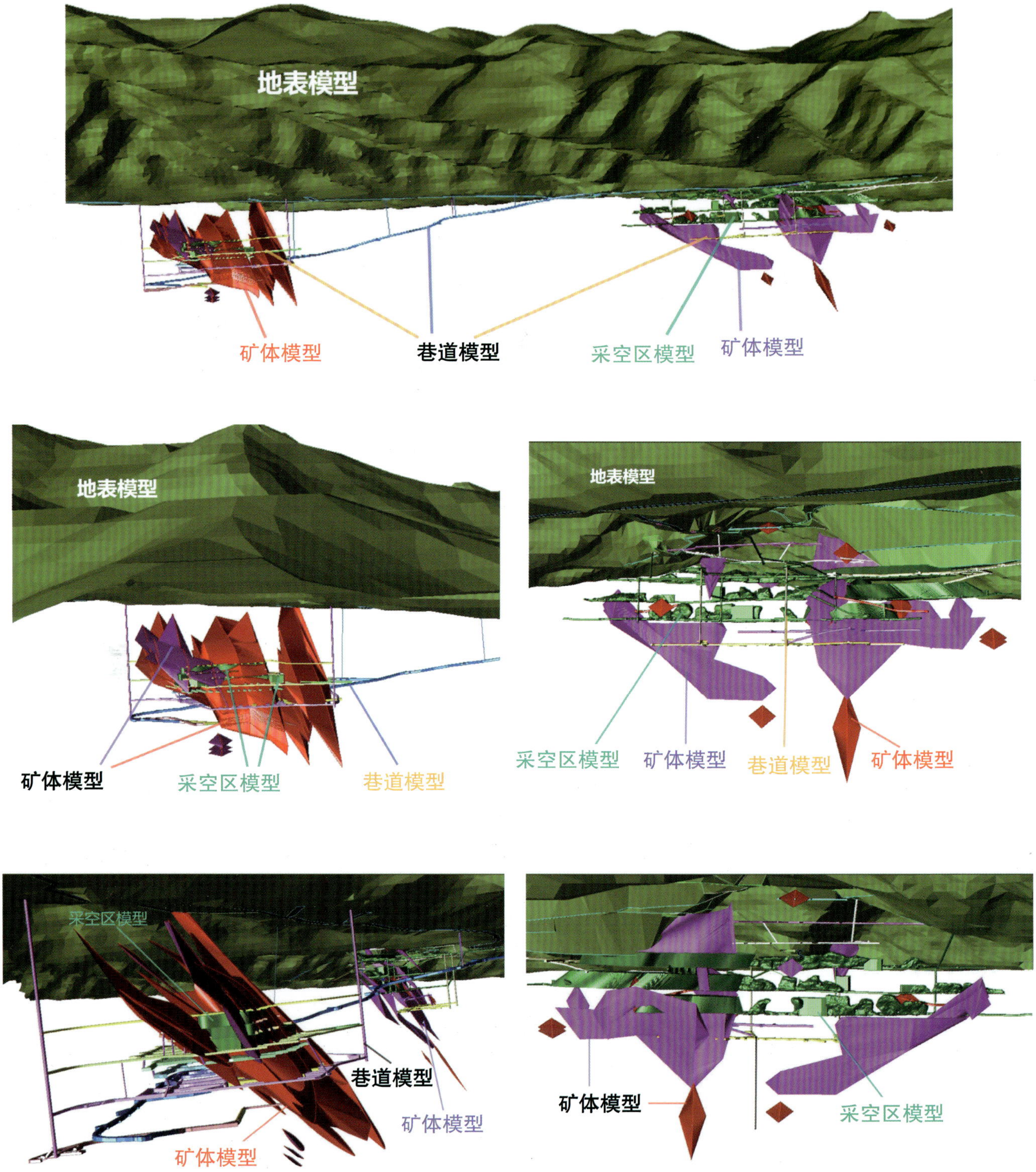
地表模型
矿体模型
巷道模型
采空区模型
矿体模型
地表模型
矿体模型
采空区模型
巷道模型
地表模型
采空区模型
矿体模型
巷道模型
矿体模型
采空区模型
巷道模型
矿体模型
矿体模型
矿体模型
采空区模型

● 矿区综合模型